Apple Vision Pro アプリ開発ガイド

服部 智、小林 佑樹、ばいそん
副島 拓哉、佐藤 寿樹、加田 健志　著
比留間 和也、清水 良一

visionOSではじめる空間コンピューティング実践集

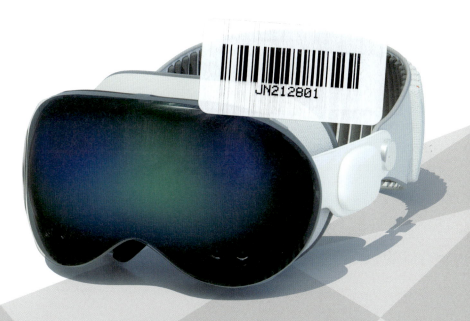

技術評論社

●免責

・記載内容について

本書に記載された内容は、情報の提供だけを目的としています。したがって、本書を用いた運用は、必ずお客様自身の責任
と判断によって行ってください。これらの情報の運用の結果について、技術評論社および著者はいかなる責任も負いません。
本書に記載がない限り、2024年8月現在の情報ですので、ご利用時には変更されている場合もあります。以上の注意事項を
ご承諾いただいた上で、本書をご利用願います。これらの注意事項をお読みいただかずにお問い合わせいただいても、技術
評論社および著者は対処しかねます。あらかじめ、ご承知おきください。

・商標、登録商標について

本書に登場する製品名などは、一般に各社の登録商標または商標です。なお、本文中に™、®などのマークは省略している
ものもあります。

Apple Vision Proから視える次なるコンピューティングの未来

株式会社MESON 代表取締役社長 小林 佑樹

▶ 初めて空間コンピュータに"触れた"日

2023年6月1日、私はアメリカ、サンノゼにあるAppleの本社「Apple Park」にいました。Appleが毎年新しい製品を発表するイベント、WWDCに参加するためです。Appleはこのイベントで新しい空間コンピュータ「Apple Vision Pro」を発表しました。Apple Vision Proはスキーゴーグルのような形状で、頭に装着して使うことができるコンピュータです。Appleの現CEO、Tim Cook氏が「One more thing…」というフレーズを口にし、Apple Vision Proの紹介が始まったとき、その場にいた多くのデベロッパーが湧き上がり、私はその熱気を肌で感じていました。

次の日、Apple Vision Proの登場に興奮さめやらぬ私のスマートフォンに着信が入りました。その着信は、とあるApple社員の方からでした。なんと、Apple Vision Proを実際に体験できる機会を用意してくれるというのです。AppleはWWDCでApple Vision Proを発表したものの、体験できている人はほんの一握りで、Appleの社員ですらApple Vision Proを触った人は多くありませんでした。そんなApple Vision Proを実際に体験

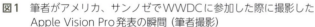

図1　筆者がアメリカ、サンノゼでWWDCに参加した際に撮影した
　　　Apple Vision Pro発表の瞬間（筆者撮影）

することができる。この自分が置かれた状況に、もはや興奮を超えて、武者震いをしたことを今でも覚えています。Apple社員に聞いたところ、Apple Vision Proを体験できる機会を得た日本人デベロッパーは世界で私だけだということでした。緊張したままApple社員に連れられ、Apple Park内に特別に用意された一室で、Apple Vision Proと邂逅しました。そしてApple Vision Proを通して、コンピューティングの次なる未来、真の空間コンピューティングを垣間見たのでした。

　ここでは日本人デベロッパーとして世界で最初にApple Vision Proを体験した私の経験から、私が考えるApple Vision Proの魅力、そしてApple Vision Proがもたらす未来について紹介します。

　私は「MESON（メザン）」というスタートアップのCEOを務めるかたわら、Xでは「ARおじさん」というハンドルネームで空間コンピューティングに関する情報発信をしています。MESONは2017年に創業し、創業当初から空間コンピューティング技術を活用し、様々な企業とともに様々なプロダクトを共創する事業に取り組んできました。今回、私がApple Vision Proをいち早く体験できる立場に選ばれたのも、これまでのMESONの実績が評価されたからといえます。

▶ Appleが切り拓く　新しいコンピューティング時代の幕開け

　私が初めてApple Vision Proの実機を体験した際に一番驚いたことは、WWDCのキーノートで紹介された映像と同じ体験を実機で体験できたことでした。キーノートで映し出されたApple Vision Proの紹介映像には革新的な技術が詰まっており、可能性を大いに感じることができるものでした。しかし、それゆえに「あの動画は誇張されているのではないか？」といったコメントがSNS上で上がりました。ところが、実際にApple Vision Proを体験してみると、キーノートで紹介されていたすべての機能が実装されており、そのまま体験できたのです。

　これまでも様々なメーカー企業がApple Vision ProのようなHMD（Head Mount Display）と呼ばれるデバイスを開発し、一般的となったスマートフォンの次を担うデバイスとして発表してきました。そのような企業が目指す理想は素晴らしいものですが、実際の市場で提供される製品には技術的な課題もあり、その理想を達成する十分な機能を備えているわけではありませんでした。Apple Vision Proはまさにスマートフォンの次の時代、「空間コンピューティング」の時代をもたらし得る新たなハードウェアの筆頭といえるでしょう。

▶ Apple Vision Proが実現している3つの「自然」

　Apple Vision Pro登場以前にも、HMDに分類される近しい形状のデバイスは存在しました。Meta社が開発・提供しているMeta Quest3や、Magic Leap社が出しているMagic Leap 2などがそれにあたります。Apple Vision Proはそれらと何が違うのでしょうか？

図2　Meta社が開発・提供しているMeta Quest3
　　（https://about.fb.com/ja/news/2023/09/meet-meta-quest-3-mixed-reality-headset/）

　そういったHMD群とApple Vision Proの違いをシンプルに一言で説明するとしたら、私は「自然」という言葉が適切だと考えています。Apple Vision Proは他のHMDにはない、3つの自然を実現しているのです。

1　現実世界とデジタルの自然な融合
2　人間にとって自然な操作方法
3　人間にとって自然な姿勢

　この3つの自然を実現しているからこそ、AppleはApple Vision Proを「AR/VRデバイス」ではなく、「空間コンピュータ」と名付け、新たなコンピューティング時代の幕開けを宣言したのだと考えています。
　具体的にどのような自然を実現しているのかを紹介します。

現実世界とデジタルの自然な融合

　Apple Vision Proは私達が暮らしているこの現実世界に、デジタル情報を違和感なく融合させることができます。「違和感なく融合」とさらっと記載していますが、この違和感のなさは、カメラが捉えた映像をディスプレイ越しに見ていることに気づかないレベルです。

　Apple Vision Proは空間に配置されたデジタル情報の下に影を映し出します。本来、デジタル情報は空間に存在していないので影が落ちることはありません。しかし、Apple Vision Proによって空間内に表示されたデジタル情報は自然な形で影を落とします。Apple Vision Proが現実空間の環境光と空間の形状を正確に認識できるからこそ、この自然な影の表現が可能なのです。

　「影の表現なんて重要なの？」と思う方もいるかもしれませんが、この影があるのとないのとではデジタル情報に対して感じる実在感がまったく異なります。さらに、Apple Vision Proで現実空間内に表示されるデジタル情報は、現実世界の環境光の影響を受けます。明るい部屋で3Dモデルを見ると表面が明るくなり、逆に暗い部屋で3Dモデルを見ると3Dモデルの表面も暗くなるのです。

　視覚的な融合だけではなく、聴覚的な融合も自然に実現しています。「Spatial Audio」という機能により、空間に表示されたデジタル情報そのものから音が聞こえます。例えば、Apple Vision Proを使って現実空間の中に映し出されたビデオを再生すると、そのビデオの方向から音が聞こえてくるのです。実際に音を出しているのは耳の前方に付いている指向性スピーカーで、このSpatial Audio機能によってあたかもその方向から音が鳴っ

図3　Apple Vision Proで体験できるアプリ「Encounter Dinosaurs」（筆者撮影）

ているかのように聞こえるのです。

　Spatial Audioは音の方向だけではなく、距離感も正確に再現します。現実空間の中で再生したビデオを自分から遠くに配置すると音が小さくなり、近くに引き寄せると音が大きくなります。また、Apple Vision Proは現実空間の形状を認識しているので、現実世界の部屋の形状に則って音の反響を変化させます。

　周囲の環境に自然に馴染むような表現の工夫によって、私達はApple Vision Proが表示したデジタル情報を「そこにある」と強く感じてしまうのです。その結果として、Apple Vision Proは現実世界とデジタル情報の自然な融合を実現しています。

人間にとって自然な操作方法

　2つ目に紹介するのはApple Vision Proの操作方法です。これまでのHMDの類には両手、もしくは片手で使うコントローラーが付属し、このコントローラーで目の前に見えるバーチャルオブジェクトを操作する方法がスタンダードでした。

　しかし、Apple Vision Proは基本的にコントローラーを使いません。代わりに、自身の「目」と「手」を使って、操作を行うことができるのです。自身の目で操作したいものを捉え、親指と人差し指をつまむ動作（タップ）をすることで、操作を決定したり、バーチャルオブジェクトを動かしたりすることができます。

　「目」と「手」を使った操作については、実際に操作してみないとイメージしにくいかもしれません。しかし、実際に体験すると「なぜこれまでこの操作がなかったのだろう」と驚くとともに、違和感なく操作できます。

　私はよくApple Vision Proを「Pre-BMI（Brain Machine Interface）」と表現します。

図4　目を使ってアプリを選択する様子
　　（Apple Vision Proの紹介動画より抜粋、https://www.youtube.com/watch?v=TX9qSaGXFyg）

BMIとは、脳に直接コンピュータを接続するデバイスのことです。Apple Vision ProはまさにこのBMIの一歩手前のデバイスであると考えています。生活や仕事を行う上で、目の重要性は言うまでもありません。今後、私達は目を使ってコンピュータに意思伝達できるようになることで、これまで以上に早くコンピュータを操作できるようになります。

この新たな操作方法の登場は、iPhoneによって「スマートフォン」の操作方法が確立されたことに匹敵すると私は考えています。AppleがiPhoneを発表する前、スマートフォンと定義されていたデバイスは、今となっては仰々しく備え付けられた物理キーボードか、「スタイラス」と呼ばれるタッチペンで操作するのが当たり前でした。

しかし、iPhoneはデジタル情報に直接触れて操作する方法を提案しました。すなわちコンピュータとの間にある物理的なインターフェースを1つ取り払ったといえます。これにより私達は今までにないほどに自然に、かつ素早くデジタル情報を操作できるようになりました。

Apple Vision Proは空間コンピュータによって人々により自然なコンピュータの操作方法を提案しこれまでのHMDの操作方法の当たり前を塗り替えたのです。HMDにおいて「目」と「手」を使った操作は当たり前になり、HMDを開発するメーカー企業はもはやこれを導入せざるを得ない状況です。

人間にとって自然な姿勢

最後に紹介する自然、それは、人間にとって自然な姿勢で操作できることです。

先ほど、Apple Vision Proは基本的に「目」と「手」で操作すると紹介しました。HMDでは以前から「ゴリラ腕問題」という問題がありました。HMDを操作するには、装着した人の手をHMDの前面についたセンサーに認識させる必要があります。そのためにはゴリラのように両腕を胸の高さまで上げなければなりません。このような不自然な姿勢では、腕が疲れてしまい、空間コンピュータを長時間使うことが難しくなります。これを「ゴリラ腕問題」と呼びます。この問題が解決されない限りは、HMDが浸透することはないだろうと考えられてきました。

Apple Vision Proの下側面には2台のカメラが付いており、手を胸の位置まで上げなくても認識できます。これによってゴリラ腕問題は解決され、自然な姿勢での操作が実現しました。手を机や自身の膝の上に置いた状態のままでも操作できるので、他のHMDと比べて操作の負荷が少なく、より日常使いしやすいといえます。

さらにApple Vision Proでは空間の中に自分が見たいアプリを自由に配置できます。そのため、まっすぐ顔を上げた状態でデジタル情報を閲覧できます。これまで私達はスマートフォンを手に持ってデジタル情報を閲覧しようとするとき、どうしても下を向いてし

図5　自然な姿勢で操作できる
　　（Apple Vision Proの紹介動画より抜粋、https://www.youtube.com/watch?v=TX9qSaGXFyg）

まっていました。それは本来人間にとっては不自然な姿勢でした。しかし、空間コンピュータの普及で、今後人々はよりリラックスした自然な姿勢でデジタル情報を閲覧できるようになります。

以上で紹介した3つの自然こそが、Apple Vision Proと他のデバイスとの大きな違いです。

1　現実世界とデジタルの自然な融合
2　人間にとって自然な操作方法
3　人間にとって自然な姿勢

▶ 空間コンピュータの浸透で変わる3つの変化

　Apple Vision Proのような空間コンピュータが生活に浸透したとき、私達はデジタル情報をどのように扱うようになるのでしょうか？　私は大きく3つの変化が起こると考えています。

情報を体感するようになる

　私達は空間コンピュータを使うことによって、情報を体感するようになります。天気アプリを例にこの変化を説明しましょう。これまでパソコンやスマートフォンで提供されていた天気アプリでは、その日の天気を「晴」「雨」のような記号で提示し、温度を「8℃」のように数字で表現していました。私達はその情報を読み取って頭で想像することで、

天気を理解していました。

　しかし空間コンピュータを活用し、五感を使って情報に接することで、情報を体感的に理解できるようになります。例えば、1時間後の天気が空間内に3D的に再現されることで、1時間後の雨や風の強さなどの天候を目や耳を通じて体感できます。これはこれまでのパソコンやスマートフォンでは実現できませんでした。

　このように私達は目や耳などを通じて、より五感で情報を体感できるようになるのです。現状、Apple Vision Proが働きかけることができるのは「視覚」と「聴覚」のみですが、やがて「触覚」にも干渉できるようになるのではないかと考えています。

　実際にApple Vision Proで天気を体感できるアプリとしてMESONが開発したのが「SunnyTune」です。SunnyTuneの開発プロセスについては第3章で紹介しています。気になる方はぜひそちらの章も併せてご一読ください。

情報が私達の意思を自然に先回りするようになる

　空間コンピュータは私達の意思をこれまで以上に正確に予測し、私達の意思を先回りして動作するようになります。前述したようにApple Vision Proは人の「目」をトラッキングしています。目は私達が想像している以上に多くの情報を教えてくれます。コンピュータが常に人の目をトラッキングすることで、「この人は何がしたいのか」をより正確に予測できます。例えば、窓に目を向けることで、コンピュータが「この後の天気を知りたいのだな」と推測して、天気情報を体感できるアプリを自動的に起動するかもしれません。

　私達が能動的に行動しなくてもコンピュータ側が先回りしてアプリを起動したり、情報を提供したりするようになるのです。目や手のトラッキング技術によってコンピュータが私達の意思を読み取って学習することで、コンピュータは私達の思考を先回りして動くようになります。

質量を感じる情報を扱うようになる

　3つ目の変化はイメージしやすいと思いますが、空間コンピュータによって私達はより質量を感じる情報を扱うようになります。これまでパソコンやスマートフォンで扱う情報は平面上に表示されたものでした。もちろん、3Dグラフィックスで表示されたゲームアプリもありますが、それらもディスプレイに映し出された絵に過ぎず、質量を感じることはできませんでした。

　しかし、空間コンピュータによって、今いる現実世界の中に違和感なく奥行きのある情報が表示されることで、私達はデジタル情報に質量を感じるようになります。デジタ

ル情報に実際に質量を持たせることはできません。ところが、Apple Vision Pro越しに見る情報には、質量が備わっているように感じてしまうのです。

▶ コンピュータという存在を忘れる私達

空間コンピュータが社会に浸透し、デジタル情報と現実世界が融合した生活が当たり前になった未来を想像してみましょう。やがて**人類はコンピュータという存在を忘れ去る日がくる**と私は考えています。

Apple Vision Proは現時点で約600gあり、まだまだ被ったときに重さを感じます。しかし、メインフレームのような大型コンピュータがパーソナルコンピュータに小型化したように、空間コンピュータもやがて私達が日常的に使うメガネのように小型化していきます。メガネをかけているのにメガネを探してしまうといったコントのシーンがありますが、将来的には空間コンピュータは私達の身体と一体となり、私達はその存在を意識することがなくなります。

小型化と同時に、現実世界とデジタル情報をより自然に融合する技術が発達します。今は見ているものがコンピュータの作り出したデジタル情報なのか、現実世界の物体なのかを区別できますが、やがてその区別が分からなくなり、将来的には気にすることがなくなると予想しています。

意識しなくなるほどに小型化した空間コンピュータを通して、デジタル情報と現実世界が違和感なく融合した未来では、新たな現実空間が私達の目の前に広がっているでしょう。

▶ Apple Vision Proの登場は 日本がもう一度テクノロジーで世界を驚かせるチャンス

最後に、Apple Vision Pro、そして空間コンピュータに懸ける想いについて述べます。

MESONという社名の由来

私達の会社名「MESON」は、日本人で初めてノーベル賞を受賞した人物、湯川秀樹氏が提唱した「中間子理論」の英語名に由来します。湯川秀樹氏は第二次世界大戦が終戦した4年後の1949年にノーベル物理学賞を受賞しました。第二次世界大戦に敗戦したばかりの日本にとって、とても勇気づけられるニュースだったに違いありません。敗戦でボロボロになり尊厳を失っていた日本が、テクノロジーで世界を驚かせたのですから、多くの人の励みになったことでしょう。

時代は変わって、日本は半導体やガラケーといったテクノロジーで世界から注目され

た時代があったものの、インターネットやスマートフォンの時代に突入してからは、大きく世界に遅れを取っています。米国や中国、急成長する東南アジアの国々に後塵を拝し、もはやテクノロジー後進国になってしまいました。

湯川秀樹氏のようにテクノロジーで世界をもう一度驚かせる日本企業を創りたい。

そんな想いから、湯川秀樹氏が提唱した理論の英語名「MESON」を会社名につけました。

新たなインターフェースシフトによって生まれる再起のチャンス

日本がテクノロジー後進国となったことには様々な要因があるでしょう。主な要因の1つには、インターネットとのインターフェースがパソコンからスマートフォンへ大きくシフトした、いわゆる「インターフェースシフト」に乗り遅れたことが挙げられます。世界中の人々のデジタル情報との接点がスマートフォンに移り変わっていく中で、多くの日本企業はその変化を捉えて実行に移すことができませんでした。米国を始めとした諸外国の企業がインターフェースシフトの潮流に乗ったサービスを次々と提供したことで、日本の存在感はますます薄れていきました。一度乗り遅れてしまった日本が、再度スマートフォン市場で世界を席巻することはもはや難しいと考えています。しかし、もしスマートフォンと同じ……、いやそれ以上のインパクトを生み出すインターフェースシフトが起きるとしたら？

スマートフォン黎明期を振り返ってみても、インターフェースシフトにうまく対応できた新興企業はみるみる一大ビジネスを築いていきました。スマートフォン市場の均衡を破ることは難しいかもしれませんが、これから起こる空間コンピュータへのインターフェースシフト、すなわち空間コンピューティングシフトに日本がいち早く対応できれば、日本がもう一度テクノロジーで世界を驚かせることも可能なのです。

テクノロジーでもう一度世界を驚かせる日本企業を創る。

私達が空間コンピューティング技術に懸けているのは、空間コンピューティングシフトが起こるこの好機を日本が逃してはならないと考えているからです。

本書の執筆を決めたのは、日本から一人でも多くの方々に、これから始まる空間コンピューティングの未来の可能性をいち早く知って欲しいと考えたからです。

本書を通して、一人でも多くの方に Apple Vision Pro、そしてこれから始まる空間コンピューティング時代に興味を持っていただけたなら幸いです。一緒に新たな空間コンピューティング時代を創っていきましょう！

本書について

　本書を手にとっていただき、ありがとうございます。本書はApple Vision Pro向けアプリの開発に興味をお持ちのエンジニアやクリエイターの方々に向けた開発事例集です。

　2023年6月にAppleが発表したApple Vision Proは、世界中の人々の生活を一変し得るデバイスです。2007年にAppleが発表したiPhoneと同じ、もしくはそれ以上のインパクトをApple Vision Proは生み出す可能性を秘めています。

　そんな可能性に満ちたデバイスの魅力をより高めるアプリケーションが1つでも多く日本から登場することを願って、Apple Vision Pro向けアプリの開発に関わる複数名のエンジニアで本書を執筆しました。

　Apple Vision Proは魅力的ですが、新しいデバイスであるがゆえに、具体的にどんなアプリケーションが開発できて、どのような開発がされているのかをキャッチアップするのが難しいのもまた事実です。そこで本書では、読者の方々がApple Vision Proでどんなことが可能になるのかをイメージしやすいように、エンジニアやクリエイターが実際に開発した具体的な開発事例とその開発方法を章ごとに紹介しています。

　ここでは、本書を読み始めるにあたって、各章の概要とそこで使用されているソフトウェアのバージョン、Apple Vision Proのアプリケーションの基本要素、および本書のサンプルを試すにあたって必要なことを紹介します。

▶ 本書の構成とソフトウェアのバージョン

　本書の構成と各章で使用されているソフトウェアのバージョンについて、表1に示します。なお、開発にあたってはすべての章でApple Siliconチップ搭載のmacOSデバイスを使用しています。

表1 本書の構成と使用しているソフトウェアのバージョン

章番号	概要	ソフトウェア
第1章 ノーコード or ローコードで遊ぶ visionOS	ノーコード/ローコードで手軽に試せる、インタラクティブなシーンの構築手法を複数紹介しています。	- Xcode 16 beta 2 - Reality Composer Pro 2.0
第2章 SwiftUIによる AI英会話アプリ開発	「AI英会話アプリケーション」の制作プロセスを通して、SwiftUIを利用した基本的なWindowアプリケーションの開発事例を紹介しています。	- Xcode15.2以降 - Reality Converter 1.0
第3章 空間を活用したタイマーアプリ開発	Spaceアプリケーションとして動作する3次元的なタイマーアプリ「My Spatial Timers」の実装事例を紹介しています。	- Xcode16 beta2
第4章 SunnyTuneの実装事例	株式会社MESONが開発したVolumeアプリケーション「SunnyTune」の制作プロセスを通して、Volumeアプリケーションを開発する際の注意点や、SunnyTuneの開発で工夫した点を紹介しています。	- Xcode 16 beta 2 - Reality Composer Pro 2.0
第5章 Unityによる visionOSアプリ開発	ゲームエンジンのUnityを使って、Window、Volume、Spaceアプリケーションそれぞれを制作する基本的な方法を紹介しています。	- Xcode 15.2 以降 - Unity 2022.3.20f1 以降 - PolySpatial 1.1.4
第6章 PolySpatialによるUnityプロジェクトの移植	既存のUnityプロジェクトにPolySpatialを導入し、visionOS向けにアプリケーションの移植を行うプロセスや注意すべき点を紹介しています。	- Xcode 15.2 - Unity 2022.3.20f1 - PolySpatial 1.1.4

　本書は第1章から順に読み進めていただく必要はありません。興味を持った章を読み、掲載されているソースコードを参考にしながらご自身の手元でもアプリケーションを開発してみてください。きっとApple Vision Proのアプリ開発の進め方や創ることができるもののイメージが湧いてくると思います。

　Apple Vision Proは世の中に登場して間もないデバイスなので、visionOSの頻繁なアップデートがあります。そのため、本書が発売されてから仕様が変わっている機能が存在する可能性もあります。本書を読み進めていく上で、その点はご注意ください。なお、本書執筆開始時点のvisionOSのバージョンは1.1.2です。一部の章では、visionOS 2.0 beta までの内容を踏まえて記載しています。

　最新のvisionOSや開発フレームワークの仕様については、Appleが提供する開発者向けドキュメントに譲ります。以下の公式ホームページより最新の仕様を確認してください。

● **visionOS | Apple Developer Documentation**
　　https://developer.apple.com/documentation/visionos/

▶ Apple Vision Proのアプリケーションの基本要素

Apple Vision Proのアプリケーションには大きく3つの基本要素が存在します（図1）。

図1　Apple Vision Proのアプリケーションの3つの基本要素（Apple公式の解説動画より抜粋）
https://developer.apple.com/videos/play/wwdc2024/10103/

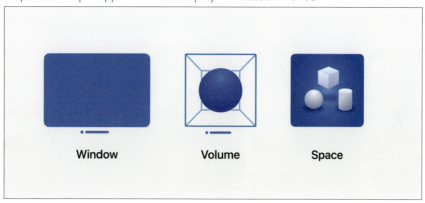

- 平面のディスプレイ上に情報を映し出す「Window」
- 直方体の空間内に3次元的に情報を映し出す「Volume」
- Apple Vision Proを着けたユーザーの周りの空間全体を使って情報を映し出す「Space」

これらの基本要素にはそれぞれメリット・デメリットがあり、自身の作りたいアプリに合わせて使い分ける必要があります。本書では、全種類の使いどころや開発の仕方をしっかり理解できるように、各章でそれぞれアプリの種類を分担しています。

▶ 本書の作例を試すには

本書で解説した作例の一部はGitHub上に公開しています。必要に応じて以下のリポジトリからダウンロードし、お手元の環境で動作確認してください。

- **AppleVisionPro_app_book_2024**

    https://github.com/ghmagazine/AppleVisionPro_app_book_2024

なお、visionOSアプリの動作確認を行うには2通りの方法があります。

1. visionOSシミュレーターを用いてMac上で確認する
2. Apple Vision Proの実機で確認する

作例ごとの制限や手元の環境に合わせて、適切な手法を選択してください。例えば1-4節で紹介する「RPG」プロジェクトはハンドトラッキングの仕組みを使用しているため、実機による実行でのみ正しく動作確認できます（図2）。

図2　シミュレーターの動作（左）と実機での動作（右）

visionOSシミュレーターでの確認

visionOSシミュレーターを使用すると、Apple Vision Proの実機にインストールすることなくvisionOSアプリの動作確認が行えます。Mac上の仮想環境でvisionOSアプリのWindowと3Dコンテンツを見ることができ、Macのポインタとキーボードを使い、タップやドラッグなどの操作ジェスチャーを実行したり、空間内の視点を変えたりできます。

シミュレーターでの動作確認における主なメリットとデメリットは表2のようになります。

表2　visionOSシミュレーターでの動作確認における主なメリットとデメリット

メリット	デメリット
実機がなくても手軽に試せる。複数のvisionOSバージョンでの確認が行える。	ハンドトラッキングなど、実機でしか動作しない一部の項目は確認できない。シェーダーやパーティクルなどの見た目が実機での描画と異なる場合がある。

Apple Vision Pro実機での確認

Apple Vision Proの実機が手元にある場合は、開発用のMacと同一ネットワークに無線接続することで、アプリをインストールして動作を確認できます。アプリの転送を有線接続で行いたい場合は、Apple公式ストアからDeveloper Strapを別途購入する必要が

あることに注意してください。

　実機での動作確認における主なメリットとデメリットは表3のようになります。

表3　実機での動作確認における主なメリットとデメリット

メリット	デメリット
現実の環境で、実際のインタラクションやジェスチャーを踏まえて確認できる。コンテンツを立体視しながら確認できる。	ネットワークの状況によって、アプリの転送に時間がかかる場合がある。複数のvisionOSバージョンでの確認が難しい。

▶ 準備：開発環境の構築とアプリのビルド

　各章を読みながら実際にアプリを作成したり、作例を試したりするには、Appleが提供する統合開発環境であるXcodeをインストールして、Mac上にvisionOSの開発環境を構築する必要があります。

　本書を読み進めるための事前準備として、まずはXcodeのインストールからアプリのビルドまでを簡単に確認しましょう。

> **NOTE**
>
> 　macOS、visionOS、Xcodeのバージョンによって操作手順が異なる場合があります。本節の以下の手順では、macOS 14.5のデバイス（Apple Siliconチップ搭載）にXcode 16 beta 3をインストールし、visionOS 2 beta 3にビルドを行っています。バージョン違いにより手順が異なる場合は、Web上の記事などを参考にしてビルドを行ってください。

Xcodeをインストールする（App Storeから）

　はじめに、Xcodeをインストールしましょう。最新のリリースバージョンを使用する場合は、Mac版App Storeからインストールできます（図3）。

- **Xcode**

  https://apps.apple.com/jp/app/xcode/id497799835

図3 XcodeをApp Storeからインストール

> **NOTE**
> visionOS 2.0対応のアプリを実行する場合は、Xcode 16以降の環境が必要です。App StoreにあるXcodeの最新バージョンが16未満の場合は、次項の方法によるベータ版のインストールを検討してください。

Xcodeをインストールする（ベータ版やバージョン指定）

　ベータ版や過去のバージョンのXcodeを使用する場合は、デベロッパ専用サイトから任意のバージョンを指定して.xipファイルをダウンロードしましょう（図4）。デベロッパ専用サイトにアクセスするにはAppleアカウントが必要ですが、無料アカウントでもダウンロード可能です。初回アクセス時にはApple Developer Agreementに同意する必要があります。

- **More Downloads - Apple Developer**
  https://developer.apple.com/download/all/?q=Xcode

　ダウンロードした.xipファイルは、ダブルクリックして展開してください。「Xcode.app」や「Xcode-beta.app」が生成されるので、使いやすいように「アプリケーション」フォルダに移動しましょう。

図4 バージョンを指定して.xipファイルをダウンロード

プラットフォームを選択する

　インストールした「Xcode.app」（もしくは「Xcode-beta.app」）を起動しましょう。初回起動時には、図5のように開発したいプラットフォームを選択する画面が表示されます。ここで「visionOS x.x」を選択することで、visionOSシミュレーターや、開発に必要なコンポーネントをダウンロードできます。

図5 開発対象のプラットフォームとしてvisionOS x.xを選択

visionOSプロジェクトを用意する（既存のプロジェクト）

シミュレーターのインストールが完了したら、ビルド対象となるvisionOSプロジェクトを用意します。

既存のプロジェクトを試したい場合は、「本書の作例を試すには」で紹介した作例リンクや、以下の公式ドキュメントからvisionOS向けのサンプルプロジェクトをダウンロードし、フォルダに含まれる.xcodprojファイルをダブルクリックして開きましょう。

- **visionOS | Apple Developer Documentation**
  https://developer.apple.com/documentation/visionos

visionOSプロジェクトを用意する（新規プロジェクト）

新しくプロジェクトを作成する場合は、Xcode起動画面上の［Create New Project...］ボタンをクリックしてください（図6）。

図6　新しいプロジェクトを作成

プロジェクトのテンプレートを選択する画面が表示されるので、［visionOS］タブの［App］を選択し、［Next］ボタンで次へ進みます（図7）。

図7 プロジェクトのテンプレートを選択

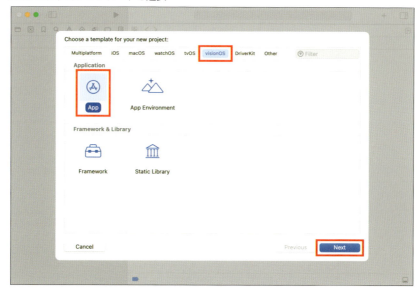

　続いて、プロジェクトのオプション設定画面が表示されます（図8）。作成するプロジェクトに合わせて、各項目を設定してください。オプション項目の簡単な説明を表4に示します。

図8 プロジェクトのオプションを設定

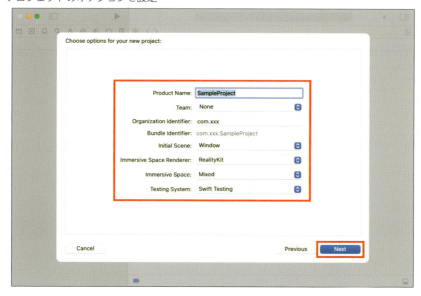

表4 プロジェクトのオプション項目

項目	説明
Product Name	ここに入力された文字列が、プロジェクトフォルダ名やデフォルトのアプリ名として使用されます。
Team	Xcodeにすでに開発アカウントが登録されている場合は選択肢に現れるので、そちらを選択してください。Noneとした場合は実機へのインストールが行えないため、後ほど設定を行う必要があります。
Organization Identifier	開発したアプリをストアに公開する場合は、この項目を他の開発者と重複しない文字列にする必要があり、一般的には"所持しているドメインを逆に記述すること"が推奨されます。アプリの公開予定がない場合は任意の文字列で構いません。
Initial Scene	アプリ起動時の初期シーンの形状をWindow、Volumeから選択できます。
Immersive Space Renderer	周辺環境に没入空間を展開する際に、どのAPIを使用してレンダリングを行うかを選択できます。
Immersive Space	周辺環境に没入空間を展開する際の、現実空間とのブレンドの度合いを指定できます。
Testing System	開発時のテストフレームワークを指定できます。アプリの内容自体には直接関係しません。

　［Next］ボタンで次に進み、作成先のフォルダを指定したら、プロジェクトが作成され起動します（図9）。

図9 新規作成されたプロジェクト

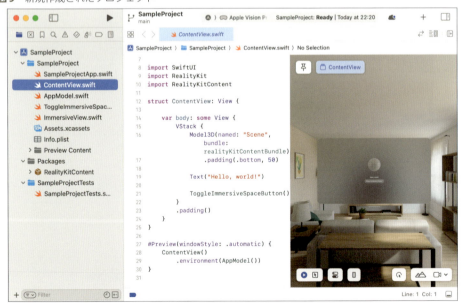

ビルドして実行する（シミュレーター）

　visionOSプロジェクトをシミュレーターで実行してみましょう。Xcode画面上部のバーから、実行先としてvisionOS Simulatorカテゴリにある［Apple Vision Pro］を指定し、左上の［▶］ボタンをクリックして実行してください（図10）。

　ビルドが成功するとシミュレーターが立ち上がり、仮想環境上にアプリの初期画面が表示されます（図11）。なお、シミュレーターの初回起動には時間がかかる場合があります。

図10　シミュレーターを指定して実行

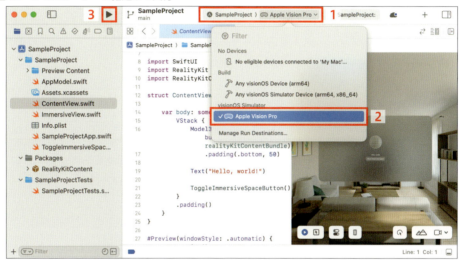

図11　シミュレーター上にアプリが表示される

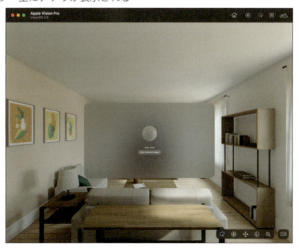

xxiii

シミュレーター内では、マウスやキーボードを使った視点移動や、クリックやドラッグによるアプリ操作を行えます。詳しい操作方法は公式のドキュメントを参照してください。

- **Interacting with your app in the visionOS simulator**
  https://developer.apple.com/documentation/xcode/interacting-with-your-app-in-the-visionos-simulator

ビルドして実行する（Apple Vision Pro 実機）

最後に、visionOSプロジェクトをApple Vision Proの実機で実行します。実機の場合、初回接続時にペアリングを行う必要があり、操作がやや複雑です。

まず、Apple Vision Proと開発用のMacを同一のネットワークに接続してください。

> **NOTE**
> Apple Vision Proは、購入時の状態では無線でのネットワーク接続しか行えません。有線接続で開発を行いたい場合は、Apple公式ストアからDeveloper Strapを購入し、Macと直接接続してください。

次に、Apple Vision Pro上で「設定」アプリを開き、［一般］→［リモートデバイス］を選択してください（図12）。

図12　「設定」アプリを操作

図13のように表示されれば、Macとのペアリングを行える状態になります。

図13 ペアリング準備完了

続けてMacに戻り、Xcode画面上部のバーから［Manage Run Destinations...］を選択します（図14）。

図14 Xcode上で［Manage Run Destinations...］を選択

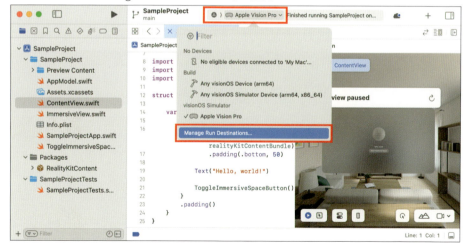

するとデバイス管理画面が開いてペアリング待機中のApple Vision Proが表示されるので、[Pair]ボタンをクリックしてください（図15）。その後、Xcode側にコード入力欄が現れ、Apple Vision Pro側にはコードが表示されます。入力してペアリングを完了してください。

図15 デバイス管理画面で[Pair]ボタンをクリック

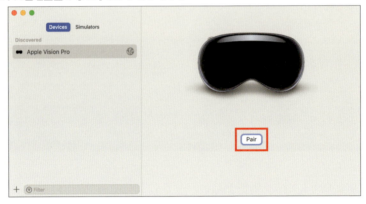

Apple Vision Pro上にリモートデバイスとして開発用Macの名称が表示されたらペアリング完了です（図16）。

図16 ペアリング完了

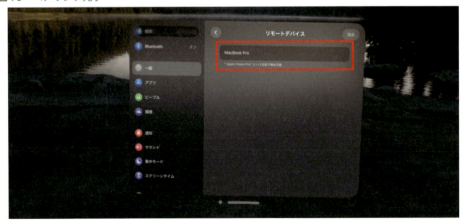

Macに戻ってXcodeを確認すると、デバイス管理画面上部に「Waiting to reconnect to Apple Vision Pro」と表示され、その下の詳しい内容を見ると"Apple Vision Proのデ

ベロッパモードを有効化する"ように求められていることがわかります（図17）。Apple Vision Proに限らず、Appleデバイスに独自のアプリをインストールする際には、そのデバイスをデベロッパモードにする必要があります。

図17　デベロッパモード関する警告

Apple Vision Proに戻り、「設定」アプリの［プライバシーとセキュリティ］→［デベロッパモード］を選択し、オンに設定してください（図18）。するとApple Vision Proの再起動が行われます。再起動後、再度デベロッパモードに関するポップアップが表示されるので、［オンにする］を選択したら設定完了です。

図18　デベロッパモードの設定

xxvii

Macに戻ってXcodeを確認すると、今度はデバイス管理画面上部に「Copying shared cache symbols from Apple Vision Pro」と表示される場合があります（図19）。こちらの処理が完了しない間は実機へのインストールが行えないため、しばらく待ちましょう。

図19　shared cache symbolsのコピー処理

　待っている間に、visionOSプロジェクトの設定を見直しましょう。Xcodeの左ペインからプロジェクトのルートとなる項目を選択し、［Signing & Capabilities］タブのSigningカテゴリにあるTeamがNoneになっていないかを確認してください。この項目がNoneのままでは実機にインストールできないため、［Add an Account...］から追加して、任意のアカウントを設定してください（図20）。

図20 TeamをNone以外に設定

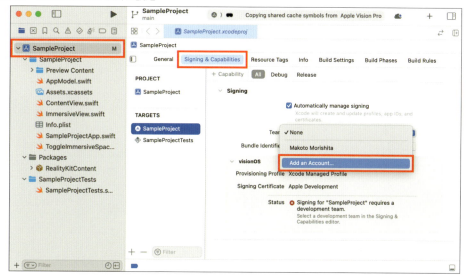

先述のshared cache symbolsのコピー処理が終了したら、すべての設定が完了です。

Xcode画面上部のバーから、visionOS Deviceカテゴリにある［Apple Vision Pro］（名称は実機の設定による）を指定し、左上の［▶］ボタンから実行してください（図21）。

図21 実機を指定して実行

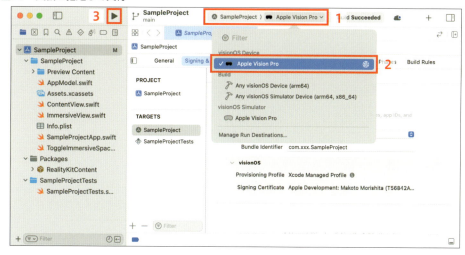

Apple Vision Pro上にアプリの画面が表示されたら成功です（図22）。

xxix

図22 実機で動作確認

なお、2回目以降の接続では、ペアリングやデベロッパモードの設定を行う必要はありません。

これで、開発の準備が整いました！　興味があるものから順に、各章の内容をお楽しみください！

目次

Apple Vision Proから視える次なるコンピューティングの未来 iii

初めて空間コンピュータに"触れた"日 iii

Appleが切り拓く新しいコンピューティング時代の幕開け iv

Apple Vision Proが実現している3つの「自然」 v

空間コンピュータの浸透で変わる3つの変化 ix

コンピュータという存在を忘れる私達 xi

Apple Vision Proの登場は日本がもう一度テクノロジーで世界を驚かせるチャンス xi

本書について xiii

本書の構成とソフトウェアのバージョン xiii

Apple Vision Proのアプリケーションの基本要素 xv

本書の作例を試すには xv

準備：開発環境の構築とアプリのビルド xvii

第1章 ノーコード or ローコードで遊ぶvisionOS 1

1-1 3Dモデルを目の前に召喚！（ノーコード） 2

1-1-1 公式のギャラリーから表示 2

1-1-2 スキャンした3DモデルをAirDropして表示 4

1-1-3 Apple Vision Pro上で直接生成して表示 6

1-1-4 その他の変換手法 8

1-2 Reality Composer Proでシーンを構築しよう！
（ノーコード）..10
- 1-2-1　Reality Composer Proとは.....................................10
- 1-2-2　基礎概念の理解..12
- 1-2-3　インストールとプロジェクトの開始..............................14
- 1-2-4　画面各部の紹介..18
- 1-2-5　エンティティの配置とプレビュー................................19
- 1-2-6　PhysicsMotionコンポーネントで動きを追加.....23
- 1-2-7　実機で動作確認..29

1-3 3Dモデルを手に追従させよう！
（ノーコード）..30
- 1-3-1　プロジェクトの作成..31
- 1-3-2　シーンの構築...32
- 1-3-3　Anchoringコンポーネントを用いて
  ノーコードでハンドトラッキング..............................34
- 1-3-4　実機で動作確認..36

1-4 RPG風のシーンを作ろう！
（ノーコード）..37
- 1-4-1　プロジェクトの作成..38
- 1-4-2　剣の3Dモデルをシーンに配置...................................38
- 1-4-3　ハンドトラッキングの設定.......................................41
- 1-4-4　実機で動作確認..44

1-5 指先から魔法のパーティクル！
（ローコード）..44
- 1-5-1　プロジェクトの作成..45
- 1-5-2　Particle Emitterとは..46
- 1-5-3　Particle Emitterの作成.......................................47
- 1-5-4　Anchoringコンポーネントの
  ハンドトラッキングでは不十分..............................49
- 1-5-5　ARKitを用いたハンドトラッキング...............................51
- 1-5-6　コンポーネントとシステムをインポート.........................52
- 1-5-7　コンポーネントとシステムをアプリに登録.......................55
- 1-5-8　ARKitへのアクセス要求の文言設定..............................56
- 1-5-9　実機で動作確認..57

1-6 剣に炎をまとわせて振るう！（ローコード） 58

- 1-6-1 プロジェクトの準備 59
- 1-6-2 炎のエフェクトを作成 60
- 1-6-3 剣に炎をまとわせる 63
- 1-6-4 パーティクルに質感を追加 65
- 1-6-5 ハンドトラッキングの設定 67
- 1-6-6 実機で動作確認 70

1-7 太陽で風船バレー！（ローコード） 71

- 1-7-1 プロジェクトの作成 72
- 1-7-2 別プロジェクトからエフェクトを移植 73
- 1-7-3 各要素の配置 75
- 1-7-4 物理シミュレーションの設定 77
- 1-7-5 Xcode側の設定 80
- 1-7-6 実機で動作確認 84

1-8 楽器を演奏しよう！（ローコード） 85

- 1-8-1 プロジェクトの作成 85
- 1-8-2 各要素の配置 86
- 1-8-3 Xcode側の設定 88
- 1-8-4 ドラムスティックの設定 92
- 1-8-5 ドラムの設定 94
- 1-8-6 実機で動作確認 97

1-9 本章のまとめ 98

- 1-9-1 Reality Composer Pro 98
- 1-9-2 コンポーネントとシステム 99
- 1-9-3 Next Step：コーディングの世界へ！ 100

第2章 SwiftUIによるAI英会話アプリ開発　101

2-1　はじめに〜サンプルアプリの概要 101

2-2　基本的なWindowアプリの作成 103

2-2-1　Windowアプリ 103
2-2-2　NavigationSplitViewによる
ナビゲーションフロー 104
2-2-3　Home画面 107
2-2-4　ナビゲーションバー 112
2-2-5　visionOS独自のUI "Ornament" 114

2-3　英会話機能の実装 118

2-3-1　英会話AIの設定 118
2-3-2　入力画面 120
2-3-3　会話履歴画面の作成 123

2-4　会話AI 125

2-5　Multi Window対応 130

2-5-1　Windowを複数配置する 131
2-5-2　Windowの表示/非表示を制御 133

2-6　本章のまとめ 134

第3章 空間を活用したタイマーアプリ開発　135

3-1　My Spatial Timer 136

3-1-1　フォルダ構成とファイルの概要 138
3-1-2　RealityViewの構造 139

3-2　マーカー表示と自己位置の追従 139

3-2-1　なぜ目の前にマーカーを表示するのか 139
3-2-2　配置用マーカーの表示 141
3-2-3　マーカーの位置と向き指定 142
3-2-4　マーカーのリアルタイムでの位置更新 145

3-3	タップ操作によるタイマーの追加	148
	3-3-1 配置用マーカーのタップ時の処理	148
	3-3-2 アタッチメントでのタイマーのSwiftUI View表示	150
3-4	タイマーの画面デザインと機能	152
	3-4-1 View、画面デザイン	152
	3-4-2 タイマー構造体の作成	155
	3-4-3 タイマー管理機能	156
3-5	UserDefaultsによるデータ永続化	158
3-6	WorldAnchorを使用した空間への位置固定	160
	3-6-1 エンティティ空間配置後の処理	161
	3-6-2 WorldAnchor情報更新時の処理	163
3-7	ローカル通知の送信と受信	167
3-8	ScenePhaseによるアプリの状態制御	169
3-9	本章のまとめ	171

第4章 SunnyTuneの実装事例　173

4-1	Volumeアプリ開発の基礎	174
	4-1-1 Volumeアプリの作成	174
	4-1-2 Volumeの特徴	178
	4-1-3 VolumeでのUI	182
	4-1-4 Volumeの制限	184
	シェーダーはShaderGraphのみ利用できる	184
	マテリアル設定の制限	185
	カメラ情報が取得できない	186
	現実空間のトラッキングができない	186
	手の位置や関節情報が取得できない	187
4-2	空の表現	187
	4-2-1 天球の作成	188
	4-2-2 空のグラデーション	189

4-2-3	シームレスな表現	195
4-2-4	雲を動かす	196

4-3 光の表現 200

4-3-1	太陽位置の計算	200
4-3-2	陰影とハイライト表現	203

4-4 風を表現する 209

4-4-1	草を揺らす	209
4-4-2	地面の形状に合わせる	214

4-5 木の成長アルゴリズム 216

4-5-1	L-system アルゴリズム	216
4-5-2	木のメッシュ生成	219
4-5-3	メッシュへのルール適用	225

4-6 本章のまとめ 226

第5章 Unity による visionOS アプリ開発　227

5-1 環境構築 227

5-1-1	Unity のインストール	228

5-2 Window アプリの作成 229

5-2-1	プロジェクトの作成	229
5-2-2	UI の作成	231
5-2-3	ビルドしてシミュレーターで動かす	235

5-3 Volume アプリの作成 238

5-3-1	プロジェクトの作成	238
5-3-2	プロジェクトの設定	238
5-3-3	簡単な Volume アプリの作成	242
5-3-4	サンプルプロジェクト	244
5-3-5	Play to Device	252
5-3-6	Bounded Volumes と Unbounded Volumes	256
5-3-7	SwiftUI との連携	261
5-3-8	サンプル AR アプリの挙動を見る	264

目次

5-4	Spaceアプリの作成	269
5-5	簡単なゲームアプリを作ってみる	271
5-6	本章のまとめ	284

第6章 PolySpatialによる Unityプロジェクトの移植　　285

6-1 PolySpatialのサポート状況の把握 286
6-1-1 未対応の機能・注意が必要な機能 287
6-1-2 未サポートの機能の検知 288

6-2 既存プロジェクトにPolySpatialをセットアップ 289
6-2-1 インストールとサポート機能 289
6-2-2 Validatorのチェック 291
6-2-3 AR向けのシーン設定 292
6-2-4 ビルドによるチェック 293

6-3 既存プロジェクトの移植で起きる問題と解決方法 295
6-3-1 uGUIが反応しない 295
6-3-2 シェーダーエラー 296
6-3-3 カスタムシェーダーが利用できない 298
6-3-4 カリングを利用できない 299
6-3-5 半透明オブジェクトの描画順の制御 300

6-4 インタラクションの変更 303
6-4-1 タップしたことだけを利用する 304
6-4-2 タップした対象にアクションする 305
6-4-3 ハンドトラッキングの利用 306
　　1. XR Hand Subsystemの取得・起動 307
　　2. 手の状態を監視 308
　　3. 指の距離に応じて処理 310
6-4-4 パーティクルの設定を変更 312
6-4-5 手のオクルージョンの無効化 313

6-5　既存プロジェクトの移植で発生しそうな問題 ...314

　6-5-1　ECSの描画が未サポート 314

　6-5-2　コンピュートシェーダーをパーティクルに
　　　　利用できない 315

6-6　SwiftUI連携の利用 317

　6-6-1　命名規則に従ったSwiftファイルを自動的に
　　　　利用する仕組み 317

　6-6-2　シーンの実装 319

　6-6-3　C#から呼び出せるようにする 320

6-7　本章のまとめ 320

索引 321
おわりに 327
著者プロフィール 328

第1章 ノーコード or ローコードで遊ぶvisionOS

ばいそん

　この章では、なるべく書き込むコード量を少なく抑えながら、Apple Vision Pro 上に 3D モデルを表示したり、インタラクティブなシーンを構築したりする例を紹介します。

- 「コードを書かずにできることが知りたい！」
- 「Swiftの勉強に取り掛かる前に一旦さくっと遊んでみたい！」

という方は、ぜひこちらで紹介する作例を手元で試してみてください（図1-1）。

図1-1 本章で取り組む作例

> **NOTE**
>
> ユーザーの手をトラッキングする作例が多いこともあり、本章で紹介するプロジェクトのほとんどはApple Vision Proの実機でのみ動作します。シミュレーターで確認可能な場合は補足として記載しますが、それ以外は実機での動作を前提に解説を進めます。

1-1 3Dモデルを目の前に召喚！（ノーコード）

手始めに、visionOS標準のプレビュー機能である **Quick Look** を使って、コードを1行も書かずに.usdz形式の3Dモデルを空間に出現させる方法を確認します。

.usdz形式とは、Pixer社がオープンソースで公開している汎用的なシーン記述フォーマット「USD (Universal Scene Description)」におけるファイル形式の1つです。iPhoneやiPadなどのAppleデバイスでは「AR Quick Look」と呼ばれるプレビュー機能を用いて.usdz形式の3DモデルをAR表示できますが、Apple Vision Proの「Quick Look」でも同様に.usdz形式の3Dモデルをプレビューできます。

▶ 1-1-1 公式のギャラリーから表示

Quick Look機能を手軽に試すには、Apple Vision Pro上のSafariから、Apple公式のQuick Lookギャラリーのページにアクセスするのがおすすめです（図1-2）。

- **クイックルックギャラリー – 拡張現実**
  https://developer.apple.com/jp/augmented-reality/quick-look/

リストアップされた3Dモデルをタップすると、目の前にVolume形式で展開されます。表示された3Dモデルは、ジェスチャーによって拡大縮小したり、つまんで回転したりして詳細を確認できます（図1-3）。Quick Lookギャラリーの3Dモデルは、どれも細部まで作り込まれていてとても素敵です。近づいたり回り込んだりして、ディティールをよく観察してみましょう！

1-1　3Dモデルを目の前に召喚！（ノーコード）

図1-2　Apple Vision Pro上のSafariからQuick Lookギャラリーのページへアクセス

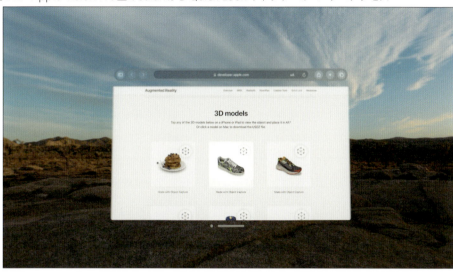

図1-3　Quick Look機能におけるジェスチャー操作

第1章　ノーコード or ローコードで遊ぶ visionOS

▶ 1-1-2　スキャンした3DモデルをAirDropして表示

Quick Lookギャラリーに並ぶ既存の3Dモデルだけでは物足りない場合は、自分で用意した3Dモデルをプレビューしてみましょう。とはいえオリジナルの3Dモデルを一から作り上げるのは骨が折れるので、ここでは「3Dスキャナーアプリ」で身の回りの物をスキャンして3Dモデルを作成し、Apple Vision Proで表示する方法を紹介します。

昨今、複数角度からの入力画像をもとに物の三次元形状を復元する「3Dスキャン技術」が発達したことで、モバイルデバイスで利用できる無料の「3Dスキャナーアプリ」がいくつか登場しています。Luma AI[1]やScaniverse[2]などのアプリが有名ですが、Appleからも公式にObject Capture APIとしてmacOS・iOS・iPadOS向けの3Dスキャン技術が提供されており、3Dスキャナーアプリの開発自体も手軽になりました。

- **Object Captureの紹介**
  https://developer.apple.com/jp/augmented-reality/object-capture/
- **Meet Object Capture for iOS**
  https://developer.apple.com/videos/play/wwdc2023/10191/

3Dスキャナーアプリを使って、身の回りの物をスキャンしてみましょう。Apple Vision Proへ送信してプレビューするためには、.usdz形式に対応したアプリを選択する必要があります。ここでは、いくつかある選択肢の中からLuma AIを試します。アプリをインストールしてアカウントを作成したら、インストラクションに従って新しいスキャンを作成してください（図1-4）。

3Dモデルが作成できたら.usdz形式で出力し、AirDrop経由でApple Vision Proに送信しましょう（図1-5）。送信先デバイスに表示されない場合は、Apple Vision Pro側のAirDrop設定が［すべての人（10分間のみ）］になっているかをチェックしてください。

注1　https://apps.apple.com/jp/app/luma-ai/id1615849914
注2　https://apps.apple.com/jp/app/scaniverse-3d-scanner/id1541433223

1-1 3Dモデルを目の前に召喚！（ノーコード）

図1-4 Luma AIを使用してスキャン

図1-5 AirDropを用いてApple Vision Proに3Dモデルを送信

　送信が完了すると、3DモデルがVolume形式で表示されます（図1-6）。前項と同様、ジェスチャー操作によって詳細を確認できます。なお、対象物の質感や大きさによって、スキャンのしやすさや正確さが変わります。お気に入りのオブジェクトを空間コンピューティングの世界に持ち込めるか試してみましょう！

図1-6　スキャンした3DモデルをApple Vision Proでプレビュー

1-1-3　Apple Vision Pro上で直接生成して表示

　オリジナルの3Dモデルを簡単に作成するもう1つの手法として、生成AIツールが挙げられます。

　近年、生成AI技術が驚くべきスピードで進歩し、テキストや画像を入力するだけで文章・画像・動画などのコンテンツを手軽に生成できるようになりました。特にLuma AI - Genie[注3]、Tripo AI[注4]、Meshy[注5]などのサービスでは、入力テキストから3Dモデルを作成するText-to-3Dと呼ばれる機能が提供されています。

　Text-to-3D機能を持つ生成AIツールを活用すると、"Apple Vision Pro上で任意のテキストから3Dモデルを生成し、そのまま目の前の空間に呼び出す"といった夢のようなフローも実現できます。ここではLuma AI - Genieを用いて実際に試してみましょう！

　まず、Apple Vision Pro上のSafariから、Luma AI - Genieのページにアクセスしてログインしてください。その後、画面下部のテキストボックスに生成のヒントとなる文章（プロンプト）を入力すると、そのプロンプトをもとに10秒ほどで4つのラフな3Dモデルが提案されます。提案された4つのラフの中で気に入ったものを選択し、詳細ビュー

注3　https://lumalabs.ai/genie
注4　https://www.tripo3d.ai/
注5　https://www.meshy.ai/

から［Make Hi-Res（高品質化）］を押して数分待てば、よりクオリティの高い3Dモデルが生成されます。

　以下に示すのは、「a legendary flame sword（伝説の炎の剣）」というプロンプトを入力し、剣の3Dモデルを生成した例です（図1-7、図1-8）。

図**1-7**　「Luma AI - Genie」でプロンプトを入力

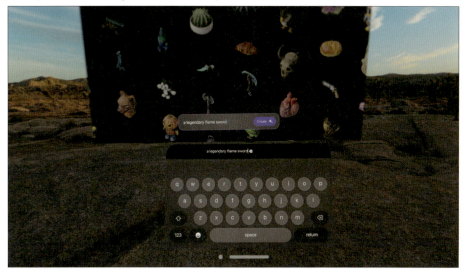

図**1-8**　プロンプトをもとに3Dモデルが生成される

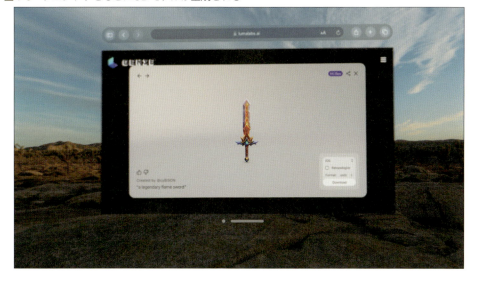

生成が完了したら、詳細ビューの右下からFormatを［usdz］に設定した上で3Dモデルをダウンロードしましょう。表示されたビューの［View in your space］ボタンを押すと、Quick Lookでのプレビューが開きます（図1-9）。

これで、3Dモデルの生成から表示までをApple Vision Pro上で完結させることができました！　生成されたばかりのあなただけの3Dモデルを、じっくり観察してみましょう！

図1-9　生成した3DモデルをApple Vision Proでプレビュー

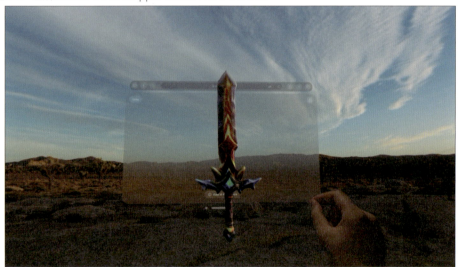

▶ 1-1-4　その他の変換手法

.usdz形式の3DモデルをApple Vision Proに転送することで、コードを書かずに3Dモデルをプレビューできることが分かりました。

もちろん前項までで紹介した方法に限らず、任意の手法で3Dモデルを.usdz形式へ変換しさえすれば、Apple Vision Proでプレビューできます。3Dモデリングのスキルをお持ちの方は、「モデリング → 変換 → プレビュー」のフローもぜひ試してみてください。

最近ではBlender[注6]をはじめとしたモデリングツールで.usdz形式の書き出しを標準でサポートしているほか、Appleが提供するReality Converter[注7]では、.gltfや.obj形式の3Dモデルを.usdz形式に変換できます。

注6　https://www.blender.org/download/
注7　https://developer.apple.com/augmented-reality/tools/

Blender（執筆時点：ver.4.1.1）で.usdz形式を指定して書き出すには、［File］→［Export］→［Universal Scene Description (.usd*)］メニューを選択した上で、表示される書き出しパネルでファイル名の拡張子を「.usdz」に書き換える必要があることに注意してください（図1-10）。

一方、Reality Converterでは、.gltfや.obj形式の3Dモデルをビューにドラッグ＆ドロップし、右上の書き出しボタンを押すことで.usdz形式への変換ができます（図1-11）。

図1-10　［Blender.app］Blenderで.usdzを指定して書き出し

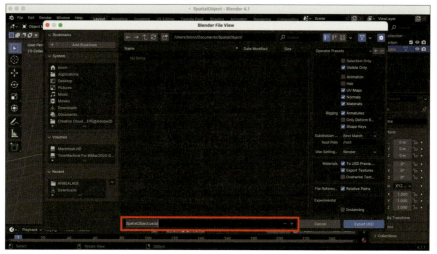

図1-11　［Reality Converter.app］Reality Converterで.usdzに変換

第1章 ノーコード or ローコードで遊ぶ visionOS

お気に入りの立体物や3Dモデルをお持ちの方は、スキャンや変換を行ってApple Vision Proでのプレビューを試してみましょう！

1-2 Reality Composer Proで シーンを構築しよう！（ノーコード）

前節では、Quick Look機能を用いて"単一の3Dモデル"を手軽にプレビューする方法を確認しました。ここからは、Reality Composer Proを使用して"複数の3Dモデル"を組み合わせ、visionOS用のコンテンツを構築する方法を紹介します。

> **NOTE**
>
> これ以降の節では、Appleが提供する統合開発環境Xcodeを用いて「Xcodeプロジェクトの作成 → アプリのビルド」を行い、visionOSアプリを動作させます。Xcode自体に馴染みのない方でも取り組めるよう補足に努めますが、行き詰まった場合は、「本書について」や以下の公式ドキュメント、または日本語で解説しているWeb上の記事を参考にしてください。
>
> - **Develop your first immersive app**
>   https://developer.apple.com/videos/play/wwdc2023/10203/
> - **Creating an Xcode project for an app**
>   https://developer.apple.com/documentation/xcode/creating-an-xcode-project-for-an-app

▶ 1-2-1 Reality Composer Proとは

Reality Composer Proは、Appleが提供するコンテンツ構築ツールです（図1-12）。GUIによる操作をベースに、3Dコンテンツの編集やプレビューを行えます。構築した3DコンテンツをXcode側でロードし、コードを記述すれば、動きや見た目の詳細な制御が可能です。また、簡単な動きや見た目の変化に限れば、コードを記述せずともReality Composer Proに備わった機能のみで実現できます。

図1-12　Reality Composer Pro

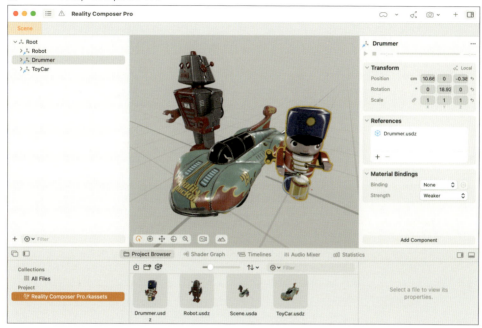

　なお、本書ではReality Composer Pro自体の概要や操作方法の説明は最低限にとどめます。より詳しく知りたい場合は、以下のドキュメントやWWDC23のセッションを確認してください。

- **Designing RealityKit content with Reality Composer Pro**
  https://developer.apple.com/documentation/visionos/designing-realitykit-content-with-reality-composer-pro
- **Meet Reality Composer Pro**
  https://developer.apple.com/videos/play/wwdc2023/10083
- **Explore materials in Reality Composer Pro**
  https://developer.apple.com/videos/play/wwdc2023/10202
- **Work with Reality Composer Pro content in Xcode**
  https://developer.apple.com/videos/play/wwdc2023/10273
- **Explore the USD ecosystem**
  https://developer.apple.com/videos/play/wwdc2023/10086

第1章　ノーコード or ローコードで遊ぶ visionOS

▶ 1-2-2　基礎概念の理解

　以降の「visionOS アプリ用のコンテンツ構築」の説明にあたり、RealityKit、ARKit、Entity（以降、エンティティ）、Component（以降、コンポーネント）、System（以降、システム）の5つの概念についてあらかじめ概要を押さえておくと、スムーズに読み進めることができます。それぞれの簡単な説明を表1-1に示します。詳細を学びたい場合は公式ドキュメントを確認してください。

表1-1　RealityKit、ARKit、エンティティ（Entity）、コンポーネント（Component）、システム（System）の5つの概念

名称	概要
RealityKit	Apple が開発した 3D フレームワークです。visionOS アプリや iOS・iPadOS 用の AR アプリにおいて、レンダリングやアニメーション、物理シミュレーションなどを実現するための様々な機能を提供します。**Entity Component System（ECS）** と呼ばれるパラダイムに基づくモジュール設計を採用しており、エンティティ、コンポーネント、システムの要素の組み合わせによって 3D 空間上のオブジェクトに様々な機能を付与できる仕組みになっています。
ARKit	Apple が開発した AR フレームワークです。デバイスのモーション、ユーザーの手の位置、周辺環境の形状などの情報をアプリ側に提供し、AR 体験を構築する手助けをします。特に visionOS では、デバイスやユーザーの手のトラッキングデータはプライバシーの観点から保護されており、ユーザーの許可が得られた場合のみ具体的な数値を取得できるようになります。なお、visionOS 2.0 からは RealityKit の `SpatialTrackingSession` を利用することで一部のトラッキングデータへの簡易的なアクセスが可能になったため、シンプルなトラッキングや数値の取得のみであれば ARKit を利用しなくてもよくなりました。
エンティティ（Entity）	RealityKit のシーン上に配置されるオブジェクトの実体を表します。3D モデルなどの目に見えるオブジェクトに限らず、音の発生源やトリガーボリュームのような目に見えないオブジェクトもエンティティとして扱われます。エンティティ自体は多くのプロパティを持たず、コンポーネントを追加することで具体的な機能や見た目を持つようになります。
コンポーネント（Component）	エンティティに追加するモジュール式の構成要素です。例えば、エンティティの位置を定義する Transform コンポーネント、3D モデル情報を定義する Model コンポーネント、当たり判定を定義する Collision コンポーネントなどが挙げられます。機能ごとのパラメーターや状態は、コンポーネントが管理します。必要な機能に合わせて独自のコンポーネントを作成することも可能です。
システム（System）	特定のコンポーネントを持つエンティティを検索し、動作の適用や状態の更新を行う仕組みです。システムは、RealityKit によって毎フレーム呼び出されます。必要な機能に合わせて独自のシステムを作成することも可能です。

- RealityKit
  - **RealityKit | Apple Developer Documentation**

    https://developer.apple.com/documentation/realitykit
  - **RealityKitの概要**

    https://developer.apple.com/jp/augmented-reality/realitykit/
- ARKit
  - **ARKit**

    https://developer.apple.com/documentation/arkit
  - **Meet ARKit for spatial computing**

    https://developer.apple.com/videos/play/wwdc2023/10082/
  - **Evolve your ARKit app for spatial experiences**

    https://developer.apple.com/videos/play/wwdc2023/10091/
  - **Create enhanced spatial computing experiences with ARKit**

    https://developer.apple.com/videos/play/wwdc2024/10100/
- RealityKitにおけるEntity Component System (ECS)
  - **Understanding RealityKit's modular architecture**

    https://developer.apple.com/documentation/visionOS/understanding-the-realitykit-modular-architecture
  - **Work with Reality Composer Pro content in Xcode**

    https://developer.apple.com/videos/play/wwdc2023/10273/?time=295
  - **Build spatial experiences with RealityKit**

    https://developer.apple.com/videos/play/wwdc2023/10080/?time=576
  - **Entity**

    https://developer.apple.com/documentation/realitykit/entity
  - **Component**

    https://developer.apple.com/documentation/realitykit/component
  - **RealityKit Systems**

    https://developer.apple.com/documentation/realitykit/realitykit-systems

 1-2-3　インストールとプロジェクトの開始

　それでは、Reality Composer Proを実際に利用してみましょう。手始めに、基本的な操作方法を解説し、チュートリアルとして「地球の自転と月の公転」を表現するプロジェクトを作成します（図1-13）。

> **NOTE**
>
> 　完成したプロジェクトは、サンプルリポジトリ内の以下の場所にあります。気軽に試したい方はこちらを利用してください。
>
> - サンプルリポジトリ
>   https://github.com/ghmagazine/AppleVisionPro_app_book_2024
> - プロジェクトの場所
>   /ch1_nocode_lowcode/02/EarthAndMoon

図1-13　作例：EarthAndMoon

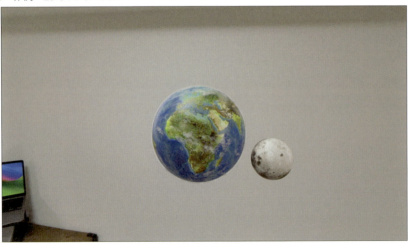

　まずは、Reality Composer ProのインストールとXcodeプロジェクトの作成方法を確認します。

　Reality Composer Proは単体ではインストールできず、Appleの提供する統合開発環境であるXcode（15 beta 2以降）にDeveloper Toolとして同梱されています。次のリンクから最新バージョンのXcodeをインストールしてください。

> **NOTE**
>
> 本章の作例は、visionOS2.0以降での動作を想定して作成されています。そのためXcode 16未満のバージョンでは動作確認が行えません。App StoreにあるXcodeの最新バージョンが16未満の場合は、「本書について」で紹介したベータ版のインストールを検討してください。

- **Xcode**

  https://apps.apple.com/jp/app/xcode/id497799835

インストールしたらXcodeを立ち上げ、visionOS向けに新規プロジェクトを作成しましょう。Xcodeの開始画面に表示される［Create New Project...］ボタンをクリックしてください（図1-14）。

プロジェクトのテンプレートを選択する画面が表示されるので、［visionOS］タブの［App］を選択し、［Next］で次へ進みます（図1-15）。

図1-14　［Xcode.app］開始画面

図1-15　［Xcode.app］visionOSのテンプレートを選択

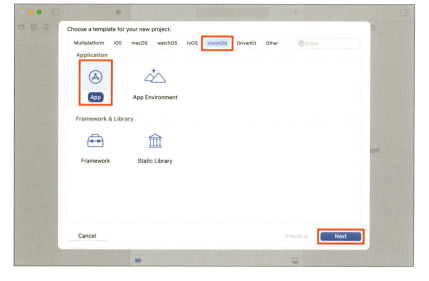

プロジェクトのオプション設定画面が表示されたら、表1-2のように入力します。その他の項目は任意の値で構いません（図1-16）。

このような設定にすると、Reality Composer Proで構築したシーンを周辺環境に重畳（superimposed）して展開できる（Immersive Space - Mixed）状態のサンプルが含まれたプロジェクトを作成できます。［Next］を押して場所を指定し、プロジェクトの作成を完了しましょう。

表1-2　新規プロジェクトの設定

項目	設定値
[Project Name]	EarthAndMoon
[Initial Scene]	Window
[Immersive Space Renderer]	RealityKit
[Immersive Space]	Mixed

図1-16　[Xcode.app] Immersive Space - Mixedのサンプルが付属するようにオプションを選択

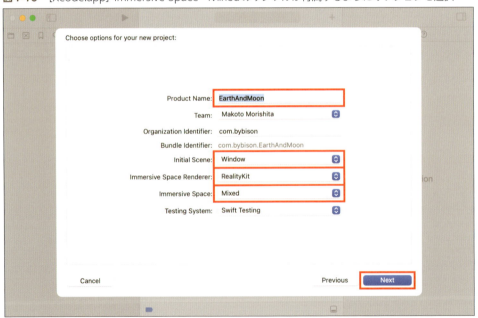

作成されたプロジェクトをビルドし、Apple Vision Proの実機にインストールします。「本書について」を参考にしながらビルド・実行してください。

> **NOTE**
> 実機がない場合は、シミュレーターで確認できます。

インストールが終わるとEarthAndMoonアプリが開かれ、Window上に球体の3Dモデルと［Show Immersive Space］ボタンが表示されます。この［Show Immersive Space］ボタンをタップすると、さらに2つの球体が目の前に現れます（図1-17）。以降の解説では、このコンテンツをReality Composer Proで編集して、独自のシーンを構築していきます。

図**1-17** 初回ビルド時のアプリの様子

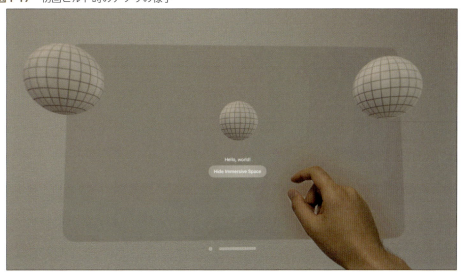

Xcodeの画面に戻り、実行モードを終了してください。その後、左ペインのプロジェクトナビゲーターからEarthAndMoon/Packages/RealityKitContent/Package.realitycomposerproファイルを選択し、右上の［Open in Reality Composer Pro］ボタンをクリックして、Reality Composer Proを開きます（図1-18）。

図1-18 ［Xcode.app］Reality Composer Proで開く

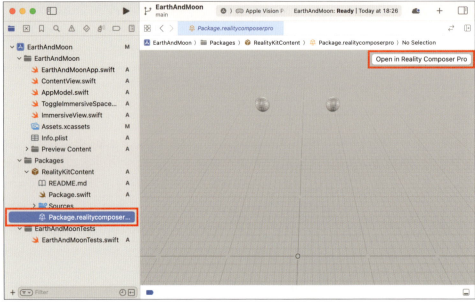

▶ 1-2-4 画面各部の紹介

　ここからは、Reality Composer Proに移って解説を進めます。まず、編集画面の構成を確認しましょう（図1-19）。本章で触れる主な機能の名称と概要を表1-3に示します。

表1-3 Reality Composer Proの編集画面の機能

	名称	概要
A	3D View	現在アクティブになっているシーンを3D表示で確認できます。ビュー上でエンティティをクリックして選択するとマニピュレータが表示され、マウスで直感的に位置・回転・スケールを調整できます。
B	Hierarchy Browser	アクティブなシーン内のエンティティ、マテリアル、AudioAssetなどの要素をツリー状に表示します。Hierarchy Browser上の要素同士は親子関係を持たせて管理できます。左下部の［＋］ボタンから新しい要素を追加でき、位置・回転・スケール情報のみを持った**Transform**と呼ばれる空のエンティティを追加することもできます。
C	Inspector（インスペクタ）	選択中の要素のプロパティを編集できます。エンティティを選択している場合は、最下部の［Add Component］ボタンからコンポーネントを追加でき、エンティティに特定の機能を付与できます。

D	Editor Panel	5つのタブに分かれており、編集やナビゲーションのための機能を提供します。特に [Project Browser] タブでは、プロジェクトに含まれるすべてのアセットを管理・表示できます。アクティブなシーンに対し、Finder上にある3Dモデルなどを新しく追加したい場合、まずはProject Browser内にアセットとして読み込んだあと、3Dビューに追加します。
E	Content Library	デフォルトで用意されている3Dモデルやマテリアル、Audio Assetを使用したい場合はここをクリックします。
F	Send To Device	Apple Vision ProとMacが正しく接続されている場合、このボタンから直接Apple Vision Proにシーンを送信し、プレビューできます。なお、プレビューはVolume形式での展開となるため、一部のコンポーネントの機能は反映されません。

図1-19 [Reality Composer Pro.app] 編集画面各部の確認

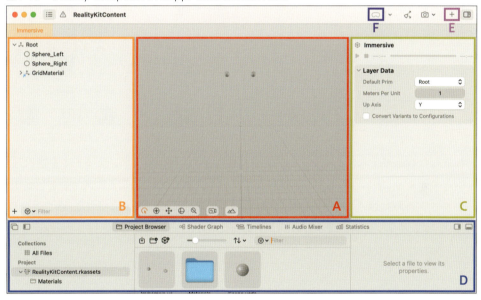

▶ 1-2-5 エンティティの配置とプレビュー

　早速、シーンを編集していきましょう。まずはプリセットとして用意されている地球の3Dモデルを配置します。右上の [＋] ボタンからContent Libraryを開き、[Earth] をダブルクリックしてダウンロードし、配置してください（図1-20）。配置した「Earth」エンティティを見失った場合は、Hierarchy Browser上でダブルクリックすると、3D Viewが対象のエンティティにフォーカスします。3D View内ではマウスの「左クリック＋ド

ラッグ」や「中クリック＋ドラッグ」によって視線が移動できます。また、キーボードの「WASD」キーで視点の前後左右移動、「QE」キーで視点の上下移動も可能です。

図 1-20　［Reality Composer Pro.app］Earth のダウンロードと配置

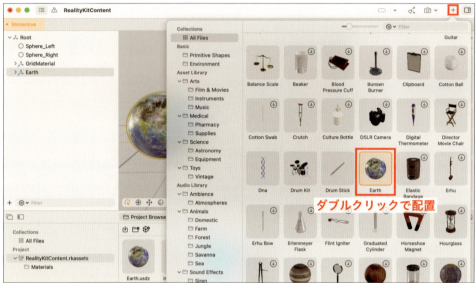

配置した「Earth」エンティティの位置を調整します。「Earth」エンティティを選択し、インスペクタ上に表示される Transform コンポーネントに表 1-4 のように入力しましょう。

　アプリ実行時には、ユーザーの足元がシーンの原点となります。そのためここでは「Earth」エンティティの位置を原点から上方向に 150（cm）、前後方向に－120（cm）と設定し、視認しやすい位置に表示しています（図 1-21）。

表 1-4　「Earth」エンティティの Transform コンポーネントの設定

エンティティの名称	コンポーネント	項目	設定値
Earth	Transform	[Position]	(0, 150, －120)
		[Rotation]	(0, 0, 0)
		[Scale]	(1, 1, 1)

図1-21　［Reality Composer Pro.app］「Earth」エンティティの
　　　　Transformコンポーネントの値を設定

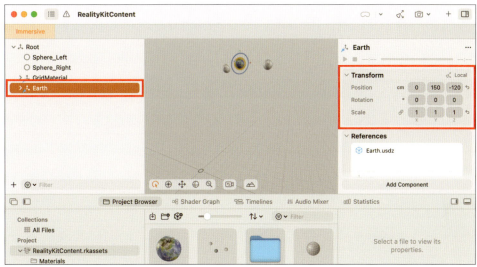

　最初からシーンに配置してある「Sphere_Left」エンティティ、「Sphere_Right」エンティティ、「GridMaterial」エンティティは、不要なので削除しましょう。Hierarchy Browser上でまとめて選択し、右クリックメニューから［Delete］を選ぶと削除できます（図1-22）。

図1-22　［Reality Composer Pro.app］不要な要素の削除

21

地球と同様に、月の3Dモデルも追加しましょう。Content Libraryから［Moon］をダウンロードして配置し、Transformコンポーネントの値を表1-5のように設定します。スケールの値を小さくすることで、月が地球より小さく表示されるようにしています（図1-23）。

表1-5　「Moon」エンティティのTransformコンポーネントの設定

エンティティの名称	コンポーネント	項目	設定値
Moon	Transform	[Position]	(20, 150, －120)
		[Rotation]	(0, 0, 0)
		[Scale]	(0.3, 0.3, 0.3)

図1-23　［Reality Composer Pro.app］「Moon」エンティティの
　　　　　Transformコンポーネントの値を設定

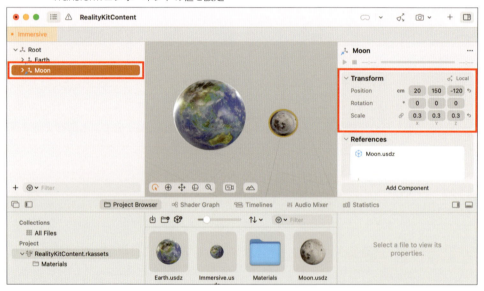

　一度、構築したシーンをプレビューしてみましょう。MacとApple Vision Proが正しく接続されていれば、図1-19の「F」の位置にある［Send To Device］ボタンが有効化されます。このボタンを押すことで、アプリのビルドをしなくても、構築したシーンを実機でプレビューできます（図1-24）。なお、この手法によるプレビューは、Quick Lookと同様にVolume形式で展開されます。

図1-24　[Reality Composer Pro.app]［Send To Device］で実機プレビュー

▶ 1-2-6　PhysicsMotionコンポーネントで動きを追加

　地球と月の3Dモデルを組み合わせてシーンを構築できました。ここからは、配置した「Earth」エンティティと「Moon」エンティティに"動き"の機能を付与して、"地球の自転と月の公転"を表現してみましょう！

　本節の「1-2-2　基礎概念の理解」の項で説明したとおり、エンティティにコンポーネントを追加することで特定の機能を付与できます。今回はPhysicsMotionコンポーネントを用いて動きの機能を追加しますが、PhysicsMotionコンポーネントを動作させるためには、Collisionコンポーネント、PhysicsBodyコンポーネントが必要なので、それらも合わせて追加します。

　それぞれのコンポーネントの概要を表1-6に示します。より詳細に学びたい場合は公式ドキュメントを確認してください。

第1章　ノーコード or ローコードで遊ぶ visionOS

表1-6　PhysicsMotionコンポーネントと関連するコンポーネントの概要

コンポーネント名	概要
Collisionコンポーネント	エンティティに"当たり判定"を付与するコンポーネントです。物理シミュレーションを適用させたり、エンティティ同士の衝突判定を行ったり、タップジェスチャーの対象にしたりする際に使用します。
PhysicsBodyコンポーネント	物理シミュレーションにおけるエンティティの"振る舞い"を定義するコンポーネントです。エンティティの重さ、反発係数、摩擦係数などを設定できます。対象のエンティティにはCollisionコンポーネントが追加されている必要があります。
PhysicsMotionコンポーネント	物理シミュレーションにおけるエンティティの"動き"をコントロールするコンポーネントです。エンティティに直線速度と角速度を与えることができます。対象のエンティティにはCollisionコンポーネントとPhysicsBodyコンポーネントが追加されている必要があります。

- **Physics simulation**

  https://developer.apple.com/documentation/realitykit/physics-simulation

- **CollisionComponent**

  https://developer.apple.com/documentation/realitykit/collisioncomponent

- **PhysicsBodyComponent**

  https://developer.apple.com/documentation/realitykit/physicsbodycomponent

- **PhysicsMotionComponent**

  https://developer.apple.com/documentation/realitykit/physicsmotioncomponent

　これらのコンポーネントを「Earth」エンティティに追加しましょう。「Earth」エンティティを選択し、インスペクタに注目してください。Transform、References、Material Bindingsなどの要素が設定されていますが、ここに新たにコンポーネントを追加します。

　インスペクタ下部の［Add Component］ボタンをクリックして、コンポーネントの検索窓を表示します。「Collision」、「Physics Body」、「Physics Motion」と入力し、それぞれダブルクリックで追加しましょう（図1-25）。

図 1-25 [Reality Composer Pro.app]「Earth」エンティティに各種コンポーネントを追加

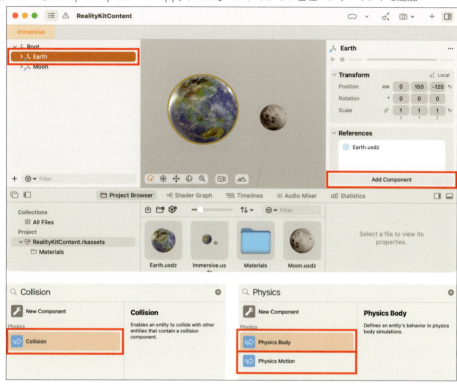

追加後、インスペクタ上でそれぞれのコンポーネントの値を設定しましょう（図1-26、表1-7）。

ここでは衝突判定を利用しないため、Collisionコンポーネントの［Shape］の項目は任意の形状でよいのですが、球状のオブジェクトなので念のためSphereと設定しています。［Radius］の項目はエンティティの大きさに合わせて自動で計算されます。

PhysicsMotionコンポーネントは、Y軸を中心に角速度1.047 ≒ π/3で回転運動するように設定しています。単位は（rad/s）なので、1秒ごとに60度回転する設定です。例えば値を6.283 ≒ 2πにすると、1秒ごとに1回転する設定になります。

表 1-7 「Earth」エンティティのモーションの設定

エンティティの名称	コンポーネント	項目	設定値
Earth	Collision	［Shape］	Sphere
	PhysicsBody	［Mode］	Kinematic
	PhysicsMotion	［Angular Velocity］	(0, 1.047, 0)

図 1-26　[Reality Composer Pro.app] 各種コンポーネントの値を設定

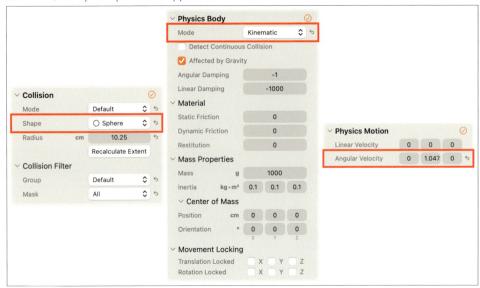

　PhysicsBodyコンポーネントの［Mode］の項目では、物理シミュレーション時のエンティティの振る舞いをそれぞれ表1-8のように設定できます。今回は単純な等速運動を表現するために［Kinematic］に設定しています。

表 1-8　PhysicsBodyコンポーネントの［Mode］項目の概要

［Mode］の設定値	概要
Static	物理シミュレーションによる運動を一切しません。別のエンティティによって力を受けても、エンティティは運動しません。Dynamicなエンティティに衝突されたときは、そのエンティティに反力を返します。
Kinematic	設定された速度のみに従って、エンティティを運動させます。Dynamicなエンティティと衝突した際はそのエンティティに反力を返しますが、自分自身の運動は変化しません。
Dynamic	重力や衝突時に生じた力に従って、エンティティを運動させます。

　さて、以上の工程で地球の自転運動を設定できました。次に、月の公転を表現してみましょう。しかし「Earth」エンティティと同様の方法で「Moon」エンティティにコンポーネントを設定しても「Moon」エンティティがその場で自転するだけなので、Hierarchy Browser上で少し工夫を施します。

Hierarchy Browser左下部の［＋］ボタンをクリックし、表示されたメニューから［Transform］を選択します。すると、Hierarchy Browser上に「Transform」という名称のエンティティが生成されます。この手順で生成される「Transform」エンティティは、位置情報のみを持つ"空のエンティティ"です。"Transformコンポーネントのみが付与されたエンティティ"と理解するとよいでしょう。

これを活用し、親子関係を適切に設定して「Earth」エンティティの中心を「Moon」エンティティの回転軸にすることを目指します。Hierarchy Browser上で「Transform」エンティティを選択し、右クリックメニューから［Rename］を選んで、名称を「MoonRoot」に変更しましょう。その後、「MoonRoot」エンティティのTransformコンポーネントの［Position］の値を、「Earth」エンティティと同様の値に設定します（図1-27、表1-9）。

表1-9 「MoonRoot」エンティティのTransformコンポーネントの設定

エンティティの名称	コンポーネント	項目	設定値
MoonRoot	Transform	[Position]	(0, 150, −120)
		[Rotation]	(0, 0, 0)
		[Scale]	(1, 1, 1)

図1-27 ［Reality Composer Pro.app］「MoonRoot」エンティティを設定

次に、「Moon」エンティティと「MoonRoot」エンティティの親子関係を設定します。Hierarchy Browser上で「Moon」エンティティをドラッグし、「MoonRoot」エンティティの上でドロップすると「MoonRoot」エンティティの子に設定できます（図1-28）。なお、子にすることで「Moon」エンティティのTransformコンポーネントの値は「MoonRoot」エンティティからの相対値に書き換わります。

図1-28 [Reality Composer Pro.app]「Moon」エンティティを
「MoonRoot」エンティティの子にする

そして、「MoonRoot」エンティティに回転運動を設定します。「Moon」エンティティ自体ではなく、親である「MoonRoot」エンティティに設定することに注意してください。「Earth」エンティティと同様、「MoonRoot」エンティティにCollisionコンポーネント、PhysicsBodyコンポーネント、PhysicsMotionコンポーネントを追加して値を設定しましょう（図1-29、表1-10）。

角速度は 0.209 ≒ π/15、つまり1秒間に12度回転する値に設定しています。これで「MoonRoot」エンティティに回転運動を設定できました。子である「Moon」エンティティもそれに追従し、地球の周りを公転するように運動します。

表1-10「MoonRoot」エンティティのモーションの設定

エンティティの名称	コンポーネント	項目	設定値
MoonRoot	Collisionコンポーネント	[Shape]	Sphere
	PhysicsBodyコンポーネント	[Mode]	Kinematic
	PhysicsMotionコンポーネント	[Angular Velocity]	(0, 0.209, 0)

図1-29 [Reality Composer Pro.app] 各種コンポーネントの値を設定

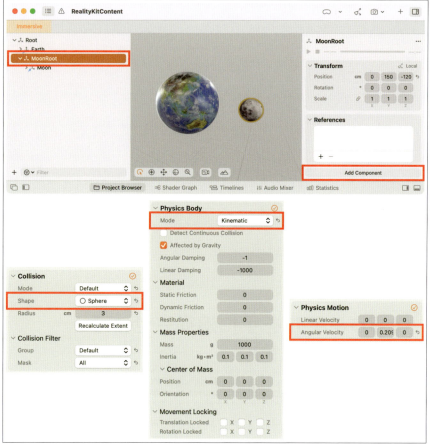

▶ 1-2-7 実機で動作確認

　以上で、地球の自転と月の公転が表現できました。⌘＋Sを押下してReality Composer Proのシーンを保存した上で、Xcodeの画面に戻ってアプリをビルドし、実行してみましょう！ ［Show Immersive Space］ボタンをタップして、地球と月の運動が確認できたら成功です（図1-30）。

> **NOTE**
>
> 実機がない場合は、シミュレーターで確認できます。

図1-30　実機で動作させた様子

1-3　3Dモデルを手に追従させよう！（ノーコード）

　本節では、よりインタラクティブな体験構築へと踏み込んでいきましょう。ノーコードで実現できるハンドトラッキングの方法を確認し、地球の3Dモデルを右手の掌の上に、月の3Dモデルを左手の人差し指の先にそれぞれ表示してみます（図1-31）。

> **NOTE**
>
> 　完成したプロジェクトは、サンプルリポジトリ内の以下の場所にあります。気軽に試したい方はこちらを利用してください。
>
> - サンプルリポジトリ
>   https://github.com/ghmagazine/AppleVisionPro_app_book_2024
> - プロジェクトの場所
>   /ch1_nocode_lowcode/03/NoCodeHandTracking

図1-31　作例：NoCodeHandTracking

▶ 1-3-1　プロジェクトの作成

まずは、新しいプロジェクトを作成します。前節で操作したXcodeとReality Composer Proの画面が開いている場合は、閉じておきましょう。

「1-2-3　インストールとプロジェクトの開始」の項を参考にしながら、新しいプロジェクトを作成してください。プロジェクトのオプションは表1-11のように設定しましょう。

表1-11　新規プロジェクトの設定

項目	設定値
[Project Name]	NoCodeHandTracking
[Initial Scene]	Window
[Immersive Space Renderer]	RealityKit
[Immersive Space]	Mixed

Xcodeを開いたら、左ペインのプロジェクトナビゲーターから、NoCodeHandTracking/Packages/RealityKitContent/Package.realitycomposerproファイルを選択し、右上の[Open in Reality Composer Pro]ボタンをクリックします。Reality Composer Proが開かれたら、デフォルトで配置されている「Sphere_Left」エンティティ、「Sphere_Right」エンティティ、「GridMaterial」エンティティを削除してください。

1-3-2　シーンの構築

　シーンに地球と月の3Dモデルを配置します。Reality Composer Pro編集画面右上の［＋］ボタンからContent Libraryを開き、［Earth］と［Moon］の3Dモデルをダブルクリックしましょう。配置されたら、それぞれのTransformコンポーネントの値を設定します（図1-32、表1-12）。

表1-12　各エンティティのTransformコンポーネントの設定

エンティティの名称	コンポーネント	項目	設定値
Earth	Transform	[Position]	(0, 15, 0)
		[Rotation]	(0, 0, 0)
		[Scale]	(1, 1, 1)
Moon	Transform	[Position]	(5, 0, 0)
		[Rotation]	(0, 0, 0)
		[Scale]	(0.3, 0.3, 0.3)

図1-32　[Reality Composer Pro.app]「Earth」エンティティと「Moon」エンティティのTransformコンポーネントの値を設定

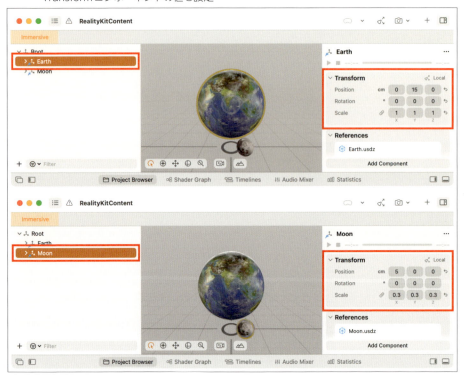

1-3 3Dモデルを手に追従させよう！（ノーコード）

　ここでは、3Dモデルが手に被らないようにするために、「Earth」エンティティにY軸方向15cmのオフセットを、「Moon」エンティティにX軸方向5cmのオフセットを設定しています。

　次に、手に追従させるための基準となるエンティティを作成します。まず、Hierarchy Browser左下部の［＋］ボタンからTransform（空のエンティティ）を2つ作成し、「LeftHand」「RightHand」と名前をつけます。そして「LeftHand」エンティティの子として「Moon」エンティティを、「RightHand」エンティティの子として「Earth」エンティティを設定します（図1-33）。

図1-33　［Reality Composer Pro.app］「LeftHand」エンティティと「RightHand」エンティティを作成し、親子関係を設定

　これでシーンの構築が完了し、ハンドトラッキングの準備が整いました。

第1章　ノーコード or ローコードで遊ぶ visionOS

▶ 1-3-3　Anchoring コンポーネントを用いて ノーコードでハンドトラッキング

　ノーコードで手軽にハンドトラッキングを実現するには、Reality Composer Pro 内に用意されている Anchoring コンポーネントを使用します。Anchoring コンポーネントは、"エンティティを現実世界にどのように固定するか"を設定できます。エンティティを固定する対象として Head や Hand、そして壁や床などの Plane を設定できます。より詳しく知りたい場合は以下のドキュメントを確認してください。

- **AnchoringComponent**

  https://developer.apple.com/documentation/realitykit/anchoringcomponent

> **NOTE**
>
> 　「1-2-2　基礎概念の理解」の項における ARKit の概要説明で、"visionOS ではユーザーの手のトラッキングデータはプライバシーの観点から保護されており、具体的な数値を取得するにはユーザーの許可が必要"である旨に触れましたが、単にエンティティを手に固定させるのみの用途であれば、Anchoring コンポーネントを使用することでユーザーの許可なくハンドトラッキングを実現できます。

　前項で作成したエンティティに Anchoring コンポーネントを設定していきましょう。まず、「RightHand」エンティティに Anchoring コンポーネントを追加して値を設定してください（図1-34、表1-13）。

　[Target] の項目ではエンティティを固定する対象を指定でき、Hand を選択した場合は [Chirality] の項目で対象となる手を、[Location] の項目で固定するポイントを指定できます。ここでは Right（右手）の Palm（掌）を選択しています。

表1-13　「RightHand」エンティティの Anchoring コンポーネントの設定

エンティティの名称	コンポーネント	項目	設定値
RightHand	Anchoring	[Target]	Hand
		[Chirality]	Right
		[Location]	Palm

34

図1-34 [Reality Composer Pro.app]「RightHand」エンティティの
Anchoringコンポーネントを設定

続いて、「LeftHand」エンティティにもAnchoringコンポーネントを追加して値を設定してください（図1-35、表1-14）。

こちらはエンティティを固定する対象としてLeft（左手）のIndex Finger Tip（人差し指の先端）を選択しています。

表1-14 「LeftHand」エンティティのAnchoringコンポーネントの設定

エンティティの名称	コンポーネント	項目	設定値
LeftHand	Anchoring	[Target]	Hand
		[Chirality]	Left
		[Location]	Index Finger Tip

図1-35 [Reality Composer Pro.app]「LeftHand」エンティティの
Anchoringコンポーネントを設定

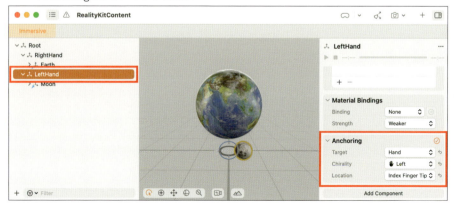

▶ 1-3-4　実機で動作確認

　これで、「RightHand」エンティティと「LeftHand」エンティティがそれぞれの手を追従するようになりました。⌘＋Sを押下してReality Composer Proのシーンを保存し、Xcodeの画面に戻ってアプリをビルド・実行してみましょう！［Show Immersive Space］ボタンをタップしたあと、右手の掌の上に地球が、左手の人差し指の先に月が表示されたら成功です（図1-36）。

図1-36　実機で動作させた様子

> **NOTE**
> 　応用として、「1-2-6　PhysicsMotionコンポーネントで動きを追加」で解説したPhysicsMotionコンポーネントと組み合わせると、"掌の上で地球が自転する"表現も可能です。

1-4　RPG風のシーンを作ろう！（ノーコード）

　前節では、Anchoringコンポーネントを用いたハンドトラッキングの方法を確認しました。本節では、これにオリジナルの3Dモデルを組み合わせ、より魅力的なシーンを構築していきましょう。「1-1-3　Apple Vision Pro上で直接生成して表示」の項で生成した武器のモデルを手に固定して、モンスターと対峙するRPG風のシーンを表現します（図1-37）。

> **NOTE**
>
> 　完成したプロジェクトは、サンプルリポジトリ内の以下の場所にあります。気軽に試したい方はこちらを利用してください。
>
> - **サンプルリポジトリ**
>   https://github.com/ghmagazine/AppleVisionPro_app_book_2024
> - **プロジェクトの場所**
>   /ch1_nocode_lowcode/04/RPG

図1-37　作例：RPG

▶ 1-4-1　プロジェクトの作成

まずは、新しいプロジェクトを作成します。前節で操作したXcodeとReality Composer Proの画面が開いている場合は、閉じておきましょう。

「1-2-3　インストールとプロジェクトの開始」の項を参考にしながら、新しいプロジェクトを作成してください。プロジェクトのオプションは表1-15のように設定しましょう。

表1-15　新規プロジェクトの設定

項目	設定値
[Project Name]	RPG
[Initial Scene]	Window
[Immersive Space Renderer]	RealityKit
[Immersive Space]	Mixed

　Xcodeを開いたら、左ペインのプロジェクトナビゲーターから、RPG/Packages/RealityKitContent/Package.realitycomposerproファイルを選択し、右上の[Open in Reality Composer Pro]ボタンをクリックします。Reality Composer Proが開かれたら、デフォルトで配置されている「Sphere_Left」エンティティ、「Sphere_Right」エンティティ、「GridMaterial」エンティティを削除してください。

▶ 1-4-2　剣の3Dモデルをシーンに配置

「1-1-3　Apple Vision Pro上で直接生成して表示」の項で生成した剣の3Dモデルを、シーン上に配置していきます。剣の3DモデルはContent Libraryにある既存のモデルではないため、Finderを経由してReality Composer Proプロジェクトにインポートする必要があります。まずは当該の3Dモデルを.usdz形式で出力し、開発を行っているMacのFinderへ転送しておきましょう。ここでは「FlameSword.usdz」と名称を変更しました（図1-38）。

図1-38　[Finder.app] FlameSword.usdzを準備

3Dモデルが準備できたら、Reality Composer Proの編集画面にて図1-39に示す［インポート］ボタンを押すか、FinderからProject Browser上にドラッグ＆ドロップしてインポートしましょう。図1-40のような警告が表示された場合は、［OK］を押してください。

図1-39　［Reality Composer Pro.app］FlameSword.usdzをインポート

インポートした3Dモデルを、エンティティとして配置します。Project BrowserからHierarchy Browserにドラッグ＆ドロップしてください。エンティティの名前は「SwordModel」としておきましょう。なお、インポート時に図1-40の警告が表示されていた場合は、配置したエンティティがマゼンタのストライプ柄で表示されているかもしれませんが、これはエンティティにマテリアルが正しく設定されていない状態を表しています（図1-41）。

このエラーに対応するために、マテリアルの修正を行います。Project Browser上で［FlameSword.usdz］

図1-40　［Reality Composer Pro.app］3Dモデル構造に関するアラート

を選択し、右に表示される詳細パネルで階層内を調べ、マテリアルを見つけてください。見つけたら、マテリアルをHierarchy Browserにドラッグ＆ドロップしてシーンに配置します。そして「SwordModel」エンティティの［Material Bindings］の項目で、配置したマテリアルを選択すると、正しく表示されます（図1-42）。

第1章　ノーコード or ローコードで遊ぶvisionOS

図1-41　[Reality Composer Pro.app] マテリアルのエラー

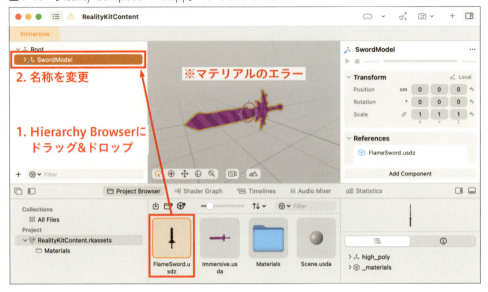

図1-42　[Reality Composer Pro.app] Material Bindingsを修正

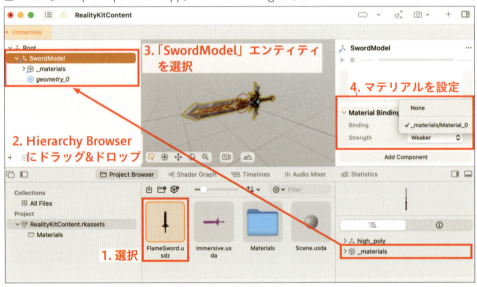

▶ 1-4-3　ハンドトラッキングの設定

　続いて、「SwordModel」エンティティにハンドトラッキングの設定を行いますが、その前に「SwordModel」エンティティの位置や回転を"柄の部分を中心にして動かせる"ようにしておきます。

　Transform（空のエンティティ）を作成し、「Sword」と名前をつけてください。「SwordModel」エンティティを「Sword」エンティティの子に設定したのち、「SwordModel」エンティティの柄の部分が「Sword」エンティティの中心にくるように位置を調整してください。これによって、剣の柄の部分で位置や回転を調整できるようになります（図1-43）。

図 **1-43**　[Reality Composer Pro.app] 剣の柄の部分を中心にして動かせるように調整

　調整が完了したら、「1-3-3　Anchoringコンポーネントを用いてノーコードでハンドトラッキング」の項と同様にAnchoringコンポーネントを設定していきます。「RightHand」と名前をつけたTransform（空のエンティティ）を作成し、Anchoringコンポーネントを追加して値を設定しましょう（図1-44、表1-16）。

第1章 ノーコード or ローコードで遊ぶvisionOS

表1-16 「RightHand」エンティティのAnchoringコンポーネントの設定

エンティティの名称	コンポーネント	項目	設定値
RightHand	Anchoring	[Target]	Hand
		[Chirality]	Right
		[Location]	Palm

図1-44 [Reality Composer Pro.app] 右手に固定する際の基準となる「RightHand」エンティティを設定

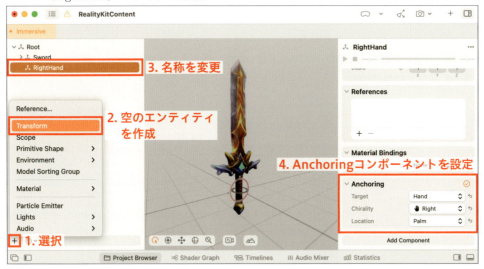

　その後、「Sword」エンティティを「RightHand」エンティティの子に設定して、位置を微調整します。手の大きさや使用する3Dモデルのサイズによるため、図1-45に示す設定は一例ですが、こちらの値を参考にしながら微調整とビルドと実行を繰り返して、「Sword」エンティティが手に収まる位置を見つけましょう。

　最後に、その他のオブジェクトをシーンに追加していきます。手に追従させたくないオブジェクトは、「RightHand」エンティティの配下ではない場所に配置しましょう。また、「RightHand」エンティティと同様に「LeftHand」エンティティを用意して、盾のようなオブジェクトを追加してみてもよいでしょう（図1-46）。

1-4 RPG風のシーンを作ろう！（ノーコード）

図 1-45　［Reality Composer Pro.app］「Sword」エンティティが手に収まるように位置を微調整

図 1-46　［Reality Composer Pro.app］その他の要素をシーンに追加

▶ 1-4-4　実機で動作確認

　これで設定が完了しました。Reality Composer Proのシーンを保存し、Xcodeの画面に戻ってアプリをビルド・実行してみましょう！［Show Immersive Space］ボタンをタップしたあと、剣と盾がそれぞれの手に固定されていれば成功です（図1-47）。

図**1-47**　実機で動作させた様子

1-5　指先から魔法のパーティクル！（ローコード）

　ここまで、Reality Composer Proの機能を活用して、コードを一切書かず（ノーコード）にApple Vision Proで体験できるアプリを構築してきました。本節からは、さらにインタラクティブな体験を作るために、ほんの少しだけXcodeの操作に踏み込んでいきます。新たに.swiftファイルを加えたり、わずかにコードを書き込んだりするだけで実現できる**ローコード**な作例を4つ紹介するので、手元に実機がある方はぜひ試してみてください！

　はじめに、Particle Emitterを使用して手の動きの軌跡をエフェクトとして残す作例を紹介します（図1-48）。

> **NOTE**
> 完成したプロジェクトは、サンプルリポジトリ内の以下の場所にあります。気軽に試したい方はこちらを利用してください。
>
> - **サンプルリポジトリ**
>   https://github.com/ghmagazine/AppleVisionPro_app_book_2024
> - **プロジェクトの場所**
>   /ch1_nocode_lowcode/05/Trail

図1-48 作例：Trail

▶ 1-5-1 プロジェクトの作成

まずは、新しいプロジェクトを作成します。前節で操作したXcodeとReality Composer Proの画面が開いている場合は、閉じておきましょう。

「1-2-3 インストールとプロジェクトの開始」の項を参考にしながら、新しいプロジェクトを作成してください。プロジェクトのオプションは表1-17のように設定しましょう。

Xcodeを開いたら、左ペインのプロジェクトナビゲーターから、Trail/Packages/RealityKitContent/Package.realitycomposerproファイルを選択し、右上の［Open in Reality Composer Pro］ボタンをクリックします。Reality Composer Proが開かれたら、デフォルトで配置されている「Sphere_Left」エンティティ、「Sphere_Right」エンティティ、「GridMaterial」エンティティを削除してください。

表1-17 新規プロジェクトの設定

項目	設定値
[Project Name]	Trail
[Initial Scene]	Window
[Immersive Space Renderer]	RealityKit
[Immersive Space]	Mixed

1-5-2 Particle Emitter とは

　作例の解説の前に、本節で活用する**Particle Emitter**について概要を説明します。Particle Emitterは、RealityKitで提供されるパーティクル生成システムです。各種パラメータを調整すると、シーン上に花火、紙吹雪、雪、衝撃波など様々な視覚効果を加えることができます（図1-49）。Reality Composer Pro上でParticle Emitterを扱いたい場合は、Hierarchy Browser左下部の[＋]ボタンから[Particle Emitter]を選択するか、シーンに配置したエンティティにParticleEmitterコンポーネントを追加することで作成できます。

図1-49 [Reality Composer Pro.app] Particle Emitterを再生した様子

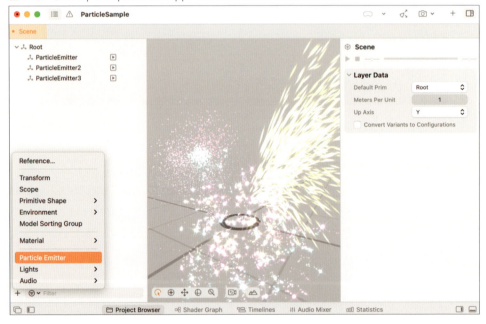

> **NOTE**
> より詳細に知りたい場合は、以下のWWDCのセッションや公式ドキュメントなどを参考にしてください。
>
> - https://developer.apple.com/videos/play/wwdc2023/10083/?time=428
> - https://developer.apple.com/videos/play/wwdc2023/10081/?time=904
> - https://developer.apple.com/documentation/realitykit/particleemitter component

▶ 1-5-3 Particle Emitterの作成

それでは、手に追従させるParticle Emitterを準備していきましょう。まず、Hierarchy Browser左下部の［+］ボタンから［Particle Emitter］を選択して作成し、「Magic Emitter」と名前をつけます。その後、ハンドトラッキングの基準とするためのTransform（空のエンティティ）を作成し、「MagicRoot」と名前をつけましょう。そして先ほど作成した「MagicEmitter」エンティティを「MagicRoot」エンティティの子にします（図1-50）。

図1-50 ［Reality Composer Pro.app］Particle Emitterの作成と親子関係の設定

「MagicEmitter」エンティティの動作を確認してみましょう。Hierarchy Browserから「MagicEmitter」エンティティを選択し、インスペクタ上部に表示される［▶］ボタンを押すとパーティクルをプレビューできます。初期状態では、淡い色味のパーティクルが上方に放出されていく様子が確認できるでしょう（図1-51）。

図1-51 ［Reality Composer Pro.app］Particle Emitterのプレビュー

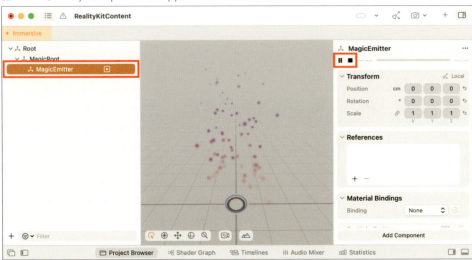

放出されるパーティクルの見た目をカスタマイズしましょう。インスペクタ上でParticleEmitterコンポーネントの［Emitter］タブや［Particles］タブにある各ボックスの値を調整することで様々な表現が可能ですが、今回はParticleEmitterコンポーネントパネルの右上部にあるボタンからテンプレートを選択して微調整します。

テンプレートの中から［Magic］を選択した上で、ParticleEmitterコンポーネントの［Emitter］タブにある設定値を変更してください（図1-52、表1-18）。

ここでは、空間の1点からパーティクルを放出させたいため［Emitter Shape Size］を最小にし、放出の初速度をゼロにするために［Speed］と、そのトグルの中に隠れている［Variation］を、ともに0に変更しました。設定後、"空間の1点から、キラキラしたパーティクルが多少ゆらぎながら放出される"状態になっていればOKです。

表1-18 「MagicEmitter」エンティティのParticleEmitterコンポーネントの設定

エンティティの名称	コンポーネント	項目	設定値
MagicEmitter	ParticleEmitter	[Speed]	0
		[Speed] → [Variation]	0
		[Emitter Shape Size]	(0, 0, 0)

図1-52 ［Reality Composer Pro.app］［Magic］テンプレートを選択して微調整

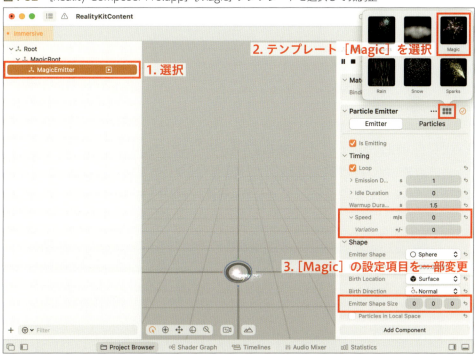

▶ 1-5-4 Anchoringコンポーネントの ハンドトラッキングでは不十分

　Particle Emitterの調整ができたら、指先に追従させる仕組みを作成していきます。ただし、今回の作例で目指す"手の動きの軌跡をパーティクルで描く"表現は、前節までで学んだ"Anchoringコンポーネントによるハンドトラッキング"では実現できません。

　どういうことか、実際に実行して確認してみましょう。「MagicRoot」エンティティにAnchoringコンポーネントを追加し、"右手の人差し指に固定"してください（図1-53）。

図1-53　［Reality Composer Pro.app］Anchoringコンポーネントを用いて指先に固定

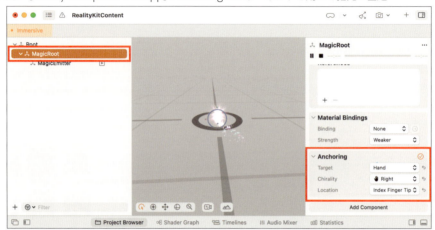

　Xcodeの画面に戻ってビルド・実行すると、"放出後のパーティクルも含め、すべてまとめて右手の指先に追従する"様子が確認できます（図1-54）。今回目標としているのは"パーティクルの発生源のみが指先に追従し、放出後のパーティクルは生まれた地点に留まりながら消滅していく"表現なので、この結果は期待とは異なります。

図1-54　すべてまとめて指先に追従してしまう

　このようになるのは、Anchoringコンポーネントによってその配下のエンティティが"独立した座標空間"に切り出されてしまうからです。visionOSは、ユーザーの許可なしで手や頭のトラッキングデータにアクセスできないように設計されています。そのためAnchoringコンポーネントを用いた単純なアンカリングの場合、その配下のエンティティ

に適用される物理シミュレーションやパーティクルシミュレーションは、ローカルの座標空間で計算されるようです。

> **NOTE**
>
> visionOS 2.0からはコードに修正を加えることで、Anchoringコンポーネントを持つエンティティをワールド空間の物理シミュレーションに参加させられるようになりましたが、パーティクルシミュレーションに関しては依然としてローカルの座標空間で計算されます。このあたりの仕様はvisionOS2.0への更新の際に大きく変わった部分であるため、今後のアップデートで更に状況が変わる可能性があります。現行のバージョンにおいてどのような挙動をするかは、以下のリンクなどを手がかりにして確認してください。
>
> - **SpatialTrackingSession**
>   https://developer.apple.com/documentation/realitykit/spatialtrackingsession
> - **AnchoringComponent**
>   https://developer.apple.com/documentation/realitykit/anchoringcomponent
> - **AnchoringComponent.PhysicsSimulation**
>   https://developer.apple.com/documentation/realitykit/anchoringcomponent/physicssimulation-swift.enum

▶ 1-5-5 ARKitを用いたハンドトラッキング

そこで本作例では、Anchoringコンポーネントの代わりにARKitを活用してハンドトラッキングを実装します。「1-2-2 基礎概念の理解」の項で紹介したとおり、ARKitを用いるとユーザーの許可を得た上で手のトラッキングデータを取得し、コード上で扱えるようになります。これを用いて、任意のエンティティを手に追従させます。

ARKitによるハンドトラッキングの実装は、Appleが提供する公式のサンプルコードから確認できます。

- **HappyBeamサンプルのHappyBeam/Gameplay/HeartGestureModel.swiftファイル**
  https://developer.apple.com/documentation/visionos/happybeam
- **SceneReconstructionExampleサンプルのSceneReconstructionExample/EntityModel.swiftファイル**
  https://developer.apple.com/documentation/visionos/incorporating-real-world-surroundings-in-an-immersive-experience

ただし、これらのサンプルのような構造を「ローコード」で実現するのは困難です。そのため本節では、独自に実装したコンポーネントとシステムをインポートして利用することで、書き込むコード量を最小限に抑えながら、ARKitによるハンドトラッキングを実現する方法を紹介します。

▶ 1-5-6　コンポーネントとシステムをインポート

作業に移る前に、先ほど「MagicRoot」エンティティにセットしたAnchoringコンポーネントを忘れずに削除してください。インスペクタ上で対象のコンポーネントにカーソルを合わせ、[3点メニュー] → [Delete] から削除できます（図1-55）。

図1-55　[Reality Composer Pro.app] コンポーネントの削除

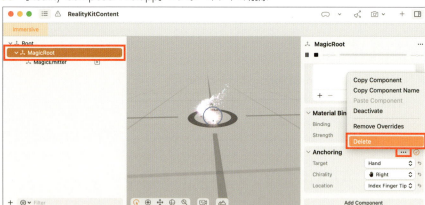

それでは、Xcodeプロジェクトにハンドトラッキング用のコンポーネントとシステムをインポートします。まずはサンプルリポジトリの「Resources」フォルダ内にある、以下の2つの.swiftファイルをダウンロードしてください。

- **サンプルリポジトリ**
  https://github.com/ghmagazine/AppleVisionPro_app_book_2024
- **「Resources」フォルダの場所**
  /ch1_nocode_lowcode/Resources
- **.swiftファイルの場所**
  /HandTracking/HandTrackingComponent.swift
  /HandTracking/HandTrackingSystem.swift

ダウンロードした2つのファイルを、Xcodeのプロジェクトナビゲーター上でTrail/Packages/RealityKitContent/Sources/RealityKitContentにドラッグ＆ドロップしてインポートします（図1-56）。インポートした.swiftファイルには表1-19のような内容が定義されています。

図1-56 ［Xcode.app］コンポーネントとシステムをインポート

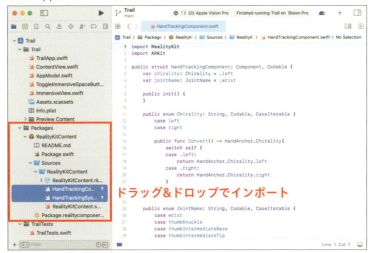

表1-19 インポートした.swiftファイルの内容

ファイル	内容
HandTrackingComponent.swift	トラッキングしたい手の部位を指定するHandTrackingコンポーネント
HandTrackingSystem.swift	毎フレーム、HandTrackingコンポーネントがセットされているエンティティの位置を、トラッキング対象の位置に移動させるシステム

「1-2-2　基礎概念の理解」の項で説明したとおり、RealityKitではEntity Component System（ECS）と呼ばれるパラダイムに基づくモジュール設計を採用しており、コンポーネントやシステムを自作すると、エンティティに任意の機能を持たせることができます。ここでは、HandTrackingシステムが毎フレーム"HandTrackingコンポーネントを持つエンティティ"を検索し、対象の手の位置まで移動させることで、ハンドトラッキングの仕組みを実現しています。

また、ここでインポートしたHandTrackingコンポーネントは、Codableプロトコルに準拠しています。そのためReality Composer Pro Package内に配置することで、Reality Composer Pro上のコンポーネントリストに表示されるようになります。

> **NOTE**
>
> 詳しくは以下を参考にしてください。
>
> - https://developer.apple.com/videos/play/wwdc2023/10273/?time=295
> - https://developer.apple.com/videos/play/wwdc2023/10273/?time=1446

　Reality Composer Proの画面に戻り、「MagicRoot」エンティティにHandTrackingコンポーネントを追加して値を設定しましょう（図1-57、表1-20）。

　これで、「MagicRoot」エンティティが「右手の人差し指の先」をトラッキングするようになりました。

表1-20　「MagicRoot」エンティティのHandTrackingコンポーネントの設定

エンティティの名称	コンポーネント	項目	設定値
MagicRoot	HandTracking	[chirality]	right
		[jointName]	indexFingerTip

図1-57　[Reality Composer Pro.app] HandTrackingコンポーネントを設定

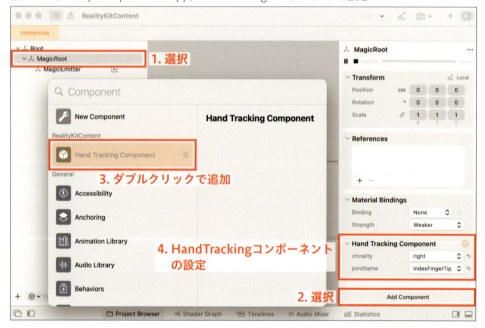

▶ 1-5-7 コンポーネントとシステムをアプリに登録

　独自実装のコンポーネントとシステムを動作させるために、ついにコードの編集に取り組みます。

　インポートしたHandTrackingComponentとHandTrackingSystemをアプリに登録する記述を、コードに書き加えましょう。プロジェクトナビゲーターからTrail/TrailApp.swiftファイルを開き、以下の①②の箇所を追記してください。//〇〇とある箇所はコメントなので、書き写す必要はありません。

> **NOTE**
>
> 追記後の全文は、サンプルリポジトリ内の以下の場所からコピーできます。
>
> ● **サンプルリポジトリ**
> https://github.com/ghmagazine/AppleVisionPro_app_book_2024
> ● **ファイルの場所**
> /ch1_nocode_lowcode/05/Trail/Trail/TrailApp.swift
>
> なお、②の箇所で登録しているHandTrackingSystemは、visionOS 2.0以降にのみ対応しています。visionOS 2.0未満で開発を行う場合は、代わりにRealityKitContent.HandTrackingSystemV1.registerSystem()と登録してください。

TrailApp.swift

```swift
import SwiftUI
import RealityKitContent //①ここ

@main
struct TrailApp: App {

    //-----②ここから-----
    init() {
        RealityKitContent.HandTrackingComponent.registerComponent()
        RealityKitContent.HandTrackingSystem.registerSystem()
    }
    //-----②ここまで-----

    @State private var appModel = AppModel()
```

```
    var body: some Scene {
        // ...省略...
    }
}
```

　本作例でコード編集を行う箇所はこれですべてです。.swiftファイルのインポートと、たった5行の書き込みによって、ARKitを用いたハンドトラッキングを構築できました。

▶ 1-5-8　ARKitへのアクセス要求の文言設定

　最後に、ユーザーに手のトラッキングデータへのアクセスを要求する際の文言設定を行います。Xcodeの左ペインのプロジェクトナビゲーターからTrail/Info.plistファイルを選択し、［Information Property List］右側の［＋］ボタンから新しいプロパティを作成してください（図1-58）。

図1-58　［Xcode.app］新しいプロパティを作成

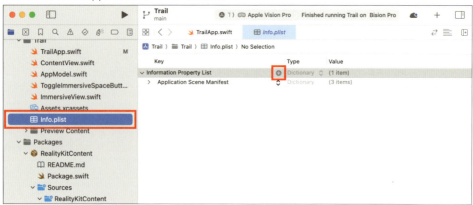

　追加されたプロパティの［Key］欄と［Value］欄をダブルクリックして編集します（図1-59）。それぞれ表1-21のように入力してください。［Value］欄に関しては、プロトタイプとして使用する範囲であれば実際はどのように入力しても構いませんが、なるべく実態に沿った文言にしておくとよいでしょう。

表1-21　手のトラッキングデータへのアクセス要求文言の設定

項目	入力
[Key]	NSHandsTrackingUsageDescription
[Value]	パーティクルを手に追従させるためにハンドトラッキングのデータを使用します。

図1-59　［Xcode.app］アクセス要求の文言を設定

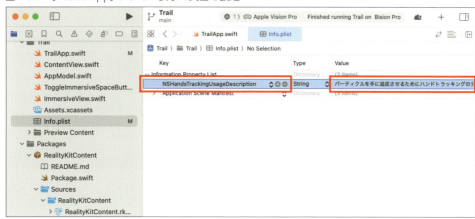

1-5-9　実機で動作確認

　以上で、ARKitを使用したハンドトラッキングの設定は完了です。アプリをビルド・実行して確認しましょう！　［Show Immersive Space］ボタンをタップしたあと、パーティクルが手の軌跡を描くように生成されれば成功です（図1-60）。なお、初回起動時にはハンドトラッキングの許可に関するポップアップが表示されるため、［許可］を選択してください。

> **NOTE**
>
> 　ベータ版のXcodeを使用している場合、インポートしたシステムにエラーが表示されて実行できないことがあります。対処法はサンプルリポジトリ内、第1章のREADME.mdファイルに記載しているため、必要であればそちらを確認してください。
>
> - **トラブルシューティングが記載されたREADMEファイル**
>   https://github.com/ghmagazine/AppleVisionPro_app_book_2024/blob/main/ch1_nocode_lowcode/README.md

図 1-60　実機で動作させた様子

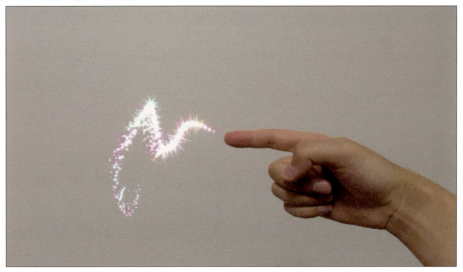

1-6　剣に炎をまとわせて振るう！（ローコード）

　Particle Emitterを用いた作例をさらに見ていきましょう。本節では、1-4節で作成した「RPG」プロジェクトに修正を加え、剣の3Dモデルに炎をまとわせる演出を行います（図1-61）。

> **NOTE**
>
> 　完成したプロジェクトは、サンプルリポジトリ内の以下の場所にあります。気軽に試したい方はこちらを利用してください。
>
> - **サンプルリポジトリ**
>   https://github.com/ghmagazine/AppleVisionPro_app_book_2024
> - **プロジェクトの場所**
>   /ch1_nocode_lowcode/06/RPG

図1-61 作例：RPG（炎のエフェクト追加バージョン）

▶ 1-6-1　プロジェクトの準備

まず、1-4節で作成した「RPG」プロジェクトを用意してください。本節ではこのプロジェクトを修正しながら制作を進めるため、現在の状態を保存しておきたい場合は、フォルダごと複製してバックアップを作成しましょう。

> **NOTE**
>
> 1-4節の内容を制作していない場合は、サンプルリポジトリ内の以下の場所にあるプロジェクトを使用してください。
>
> - **サンプルリポジトリ**
>   https://github.com/ghmagazine/AppleVisionPro_app_book_2024
> - **プロジェクトの場所**
>   /ch1_nocode_lowcode/04/RPG

「RPG」プロジェクトを開いたら、Xcodeの左ペインのプロジェクトナビゲーターから、PRG/Packages/RealityKitContent/Package.realitycomposerproファイルを選択し、右上の［Open in Reality Composer Pro］ボタンをクリックしてReality Composer Proを開きます。

そして、ARKitによるハンドトラッキングを行うため、「RightHand」エンティティと「LeftHand」エンティティにセットされているAnchoringコンポーネントを削除してください（図1-62）。

図1-62　［Reality Composer Pro.app］コンポーネントの削除

1-6-2　炎のエフェクトを作成

それでは、演出の制作に取り掛かりましょう。Particle Emitterを用いて炎を表現します。Hierarchy Browser左下部の［＋］ボタンから［Particle Emitter］を新規作成し、「Flame」と名前をつけてください。また、作業がしやすいように、「RightHand」などの他のエンティティは、右クリックメニューから［Deactivate］を選択してしばらく非表示にしておきましょう。

「Flame」エンティティに付与されているParticleEmitterコンポーネントの［Emitter］タブの中の値を設定してください（図1-63、表1-22）。インスペクタ上部の［▶］ボタンを押すことで、プレビューしながら値をセットできます。

［Shape］カテゴリの項目ではパーティクルを放出する際の形状とスピードを設定しています。［Speed］の中に［Variation］の項目が含まれていることに注意してください。これを設定すると、生成されるパーティクルの速度にランダム性を持たせられます。

表1-22 「Flame」エンティティのParticleEmitterコンポーネントのEmitter設定

エンティティの名称	コンポーネント/タブ	項目	設定値
Flame	ParticleEmitter/Emitter	[Speed]	0.2
		[Speed] → [Variation]	0.2
		[Emitter Shape]	Box
		[Birth Location]	Volume
		[Birth Direction]	World
		[Emitter Shape Size]	(0.01, 0.01, 0.01)

図1-63 [Reality Composer Pro.app][Emitter] タブの設定

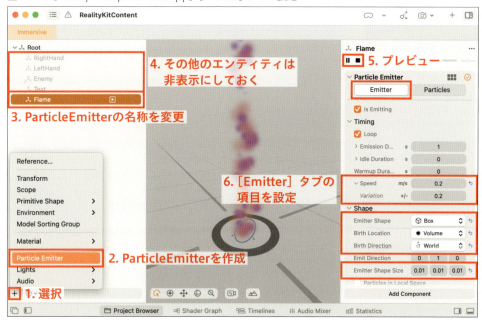

続けて、[Particles] タブの中の値を設定してください（図1-64、表1-23）。

これらの項目では、生成されたパーティクルの振る舞いを設定しています。値を自分なりに調整して、どのような挙動になるか試してみるのもよいでしょう。[Noise] の項目ではパーティクルにランダムな力を与えて炎のゆらぎを表現しています。また、[Size Over Life] の下に [Size Over Life Power] が隠れていることに注意してください。

表1-23 「Flame」エンティティのParticleEmitterコンポーネントのParticles設定

エンティティの名称	コンポーネント/タブ	項目	設定値
Flame	ParticleEmitter/Particles	[Birth Rate]	5000
		[Life Span]	0.2
		[Size]	4
		[Size Over Life]	0
		[Size Over Life] → [Size Over Life Power]	5
		[Start Color]	黄色
		[End Color]	赤色
		[Blende Mode]	Additive
		[Acceleration]	(0, 0.5, 0)
		[Noise Strength]	0.1
		[Noise Animation Speed]	100

図1-64 ［Reality Composer Pro.app］［Particles］タブの設定

そして、[Color] カテゴリでは [Start Color] の項目と [End Color] の項目を設定でき、様々な色味の炎を表現できます（図1-65）。[Textures] 内にある [Blend Mode] の項目ではAdditiveを選択し、加算合成させて炎の光を明るく見えるようにしています。

図1-65　[Reality Composer Pro.app] 様々な色味の炎

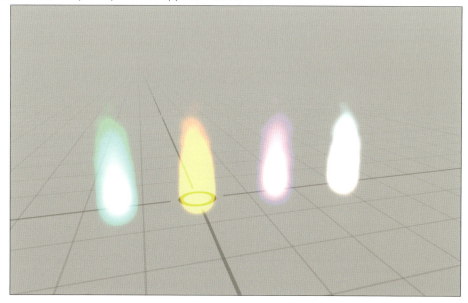

後ほど3Dモデルに合わせて微調整を行いますが、ひとまずこれで基本的な炎エフェクトを作成できました。

▶ 1-6-3　剣に炎をまとわせる

続けて、作成した炎のエフェクトを剣の3Dモデルにまとわせていきます。「RightHand」エンティティの右クリックメニューから [Activate] を選択し、表示状態にしてください。

位置を合わせやすくするために「Sword」エンティティのTransformコンポーネントの値をデフォルト状態（[Position] を (0, 0, 0)、[Rotation] を (0, 0, 0)、[Scale] を (1, 1, 1)）に戻しましょう。そして、「Flame」エンティティを「Sword」エンティティの子にして、刀身の中央あたりに「Flame」エンティティがくるように位置を調整してください（図1-66）。

その後、「Flame」エンティティに付与されたParticleEmitterコンポーネントの [Emitter] タブの [Emitter Shape Size] の項目を調整して、パーティクルが刀身を覆うようにしてください（図1-67）。範囲を広げたことでパーティクルの密度が足りなくなる場合は、

[Particles] タブの [Birth Rate] や [Size] などの項目を調整するとよいでしょう。なお、[Birth Rate] を高くしすぎるとシーンのレンダリングが重くなるので注意してください。

図1-66　[Reality Composer Pro.app] 刀身の中央あたりに炎のエフェクトを移動

図1-67　[Reality Composer Pro.app] 炎のエフェクトのサイズを調整

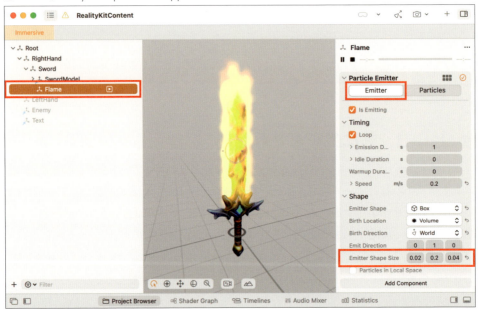

▶ 1-6-4　パーティクルに質感を追加

　仕上げとして、炎のエフェクトの微調整を行います。このままでも充分成り立っていますが、よく見るとパーティクルそれぞれの丸い感じが少し目立つので、ここではテクスチャを設定して質感を出してみます。

　Particle Emitterプリセットの中にある［Impact］テンプレートに使用されるテクスチャが使いやすいので、一度これをロードしてテクスチャファイルを取得します。新しく「ParticleEmitter」エンティティを作成し、ParticleEmitterコンポーネントの右上部にあるプリセットボタンから［Impact］を選択します（図1-68）。［Impact］のエフェクトが作成されたら、プロジェクトにテクスチャが読み込まれているはずです。テクスチャが読み込まれたら、［Impact］を適用した「ParticleEmitter」エンティティは不要なので削除してください。

図1-68　［Reality Composer Pro.app］［Impact］テンプレートをロード

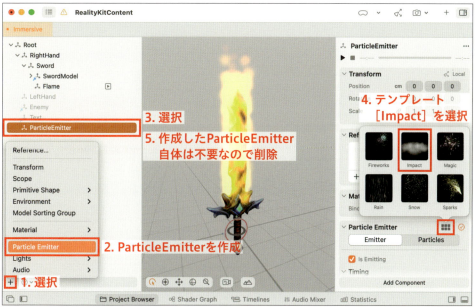

「Flame」エンティティを選び、ParticleEmitterコンポーネントの [Particles] タブの [Particle Image] の項目で [Choose...] ボタンを押し、先ほどロードしたテクスチャファイル RealityKitContent.rkassets/ParticleEmitterPresetTextures/dustsheet.exr を選択してください。そして、[Is Animated] にチェックを入れて、現れた項目を設定します（図1-69、表1-24）。

これらの項目は、本来テクスチャアニメーションを実現するための設定項目ですが、ここでは [Frame Rate] を0に、そして [Initial Frame] の [Variation] に値を設定することで、テクスチャにランダム性を持たせる仕組みとして活用しています。

表1-24 「Flame」エンティティのParticleEmitterコンポーネントのテクスチャ設定

エンティティの名称	コンポーネント/タブ	項目	設定値
Flame	ParticleEmitter/Particles	[Is Animated]	有効化
		[Animation Mode]	Play Once
		[Row Count]	4
		[Column Count]	4
		[Initial Frame]	8
		[Initial Frame] → [Variation]	8
		[Frame Rate]	0
		[Frame Rate] → [Variation]	0

図1-69 [Reality Composer Pro.app] パーティクルにテクスチャを設定

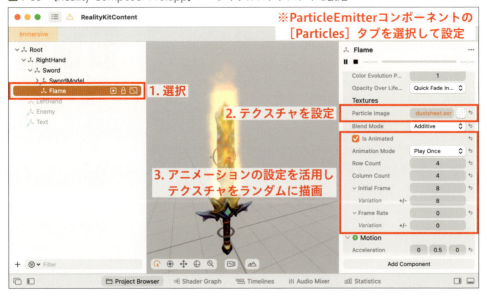

1-6-5　ハンドトラッキングの設定

さて、これでシーンのセットアップができました。すべてのエンティティについて右クリックメニューから［Activate］を選択し表示状態にした上で、「1-5-5　ARKitを用いたハンドトラッキング」の項と同様にハンドトラッキングを設定していきましょう。

まず、剣が掌に収まるように、「Sword」エンティティの位置を戻しておきます。モデルの形状や手の大きさによりますが、暫定的に図1-70のように設定しておいて、ビルド時に微調整しましょう。

図1-70　［Reality Composer Pro.app］剣のモデルの位置調整

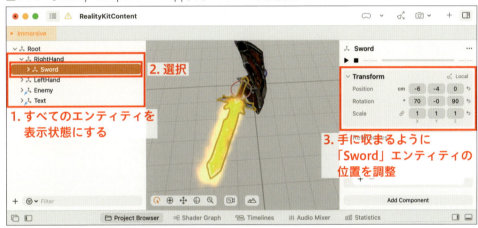

では、ハンドトラッキング用のコンポーネントとシステムをインポートします。サンプルリポジトリの「Resources」フォルダ内にある、以下の2つの.swiftファイルをダウンロードしてください。

- **サンプルリポジトリ**
  https://github.com/ghmagazine/AppleVisionPro_app_book_2024
- **「Resources」フォルダの場所**
  /ch1_nocode_lowcode/Resources
- **.swiftファイルの場所**
  /HandTracking/HandTrackingComponent.swift
  /HandTracking/HandTrackingSystem.swift

「1-5-6　コンポーネントとシステムをインポート」の項と同様、ダウンロードした2つのファイルをXcodeのプロジェクトナビゲーター上でRPG/Packages/RealityKitContent/Sources/RealityKitContentにドラッグ&ドロップしてインポートしましょう。

その後、Reality Composer Proの画面に戻り、「RightHand」エンティティと「LeftHand」エンティティにHandTrackingコンポーネントを追加してそれぞれ値を設定してください（図1-71、表1-25）。

表1-25　各エンティティのコンポーネントの設定

エンティティの名称	コンポーネント	項目	設定値
RightHand	HandTracking	[chirality]	right
		[jointName]	middleFingerMetacarpal
LeftHand	HandTracking	[chirality]	left
		[jointName]	middleFingerMetacarpal

図1-71　[Reality Composer Pro.app] ハンドトラッキングの設定

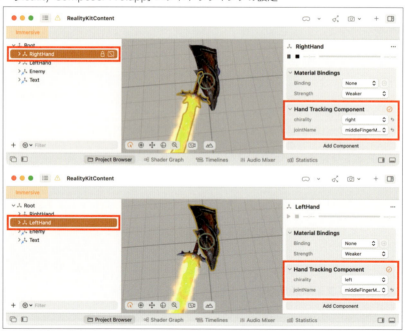

次に、インポートしたコンポーネントとシステムの登録を行います。Xcodeのプロジェクトナビゲーターから RPG/RPGApp.swift ファイルを開き、次の①②の箇所を追記してください。

1-6 剣に炎をまとわせて振るう！（ローコード）

> **NOTE**
>
> 追記後の全文は、サンプルリポジトリ内の以下の場所からコピーできます。
>
> ● **サンプルリポジトリ**
>   https://github.com/ghmagazine/AppleVisionPro_app_book_2024
> ● **ファイルの場所**
>   /ch1_nocode_lowcode/06/RPG/RPG/RPGApp.swift
>
> なお、②の箇所で登録しているHandTrackingSystemは、visionOS 2.0以降にのみ対応
> しています。visionOS 2.0未満で開発を行う場合は、代わりにRealityKitContent.
> HandTrackingSystemV1.registerSystem()と登録してください。

RPGApp.swift

```swift
import SwiftUI
import RealityKitContent //①ここ

@main
struct RPGApp: App {

    //-----②ここから-----
    init() {
        RealityKitContent.HandTrackingComponent.registerComponent()
        RealityKitContent.HandTrackingSystem.registerSystem()
    }
    //-----②ここまで-----

    @State private var appModel = AppModel()

    var body: some Scene {
        // ...省略...
    }
}
```

　そして、RPG/Info.plistファイルに手のトラッキングデータを使用する理由を明記し
ましょう（図1-72、表1-26）。

表1-26 手のトラッキングデータへのアクセス要求文言の設定

項目	入力
[Key]	NSHandsTrackingUsageDescription
[Value]	武器を手に追従させるためにハンドトラッキングのデータを使用します。

図1-72 ［Xcode.app］アクセス要求の文言を設定

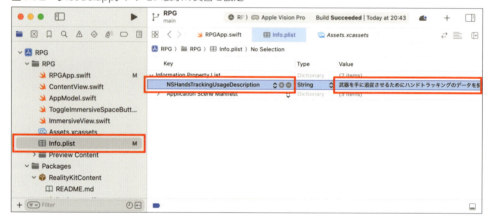

1-6-6 実機で動作確認

　実機でビルド・実行しながら、「Sword」エンティティや「Shield」エンティティの位置を微調整したら、設定完了です！　剣を振るって、空間に炎の軌跡が残る様子を確認してみましょう（図1-73）。

> **NOTE**
>
> 　ベータ版のXcodeを使用している場合、インポートしたシステムにエラーが表示されて実行できないことがあります。対処法はサンプルリポジトリ内、第1章のREADME.mdファイルに記載しているため、必要であればそちらを確認してください。
>
> - トラブルシューティングが記載されたREADMEファイル
>   https://github.com/ghmagazine/AppleVisionPro_app_book_2024/blob/main/ch1_nocode_lowcode/README.md

図 1-73　実機で動作させた様子

1-7　太陽で風船バレー！（ローコード）

　ARKitでのハンドトラッキングを活用した作例を、さらに見ていきましょう。

　「1-5-4　Anchoringコンポーネントのハンドトラッキングでは不十分」の項で説明したとおり、Anchoringコンポーネントを設定しただけのシンプルなハンドトラッキングでは"手に固定したエンティティ"と"シーン上のエンティティ"との間で物理シミュレーションが適用されないため、触る、弾くといった"手と仮想オブジェクトとのインタラクション"を実現できません。一方、ARKitによるハンドトラッキングではそれが可能です。

　本節では"手と仮想オブジェクトとのインタラクション"の作例として、太陽の.usdzモデルをトスしたりスパイクしたりする、風船バレーのような体験を構築します（図1-74）。

> **NOTE**
>
> 　完成したプロジェクトは、サンプルリポジトリ内の以下の場所にあります。気軽に試したい方はこちらを利用してください。
>
> - **サンプルリポジトリ**
>   https://github.com/ghmagazine/AppleVisionPro_app_book_2024
> - **プロジェクトの場所**
>   /ch1_nocode_lowcode/07/BalloonVolley

図1-74 作例：BalloonVolley

▶ 1-7-1 プロジェクトの作成

まずは、新しいプロジェクトを作成します。前節で操作したXcodeとReality Composer Proの画面が開いている場合は、閉じておきましょう。

「1-2-3 インストールとプロジェクトの開始」の項を参考にしながら、新しいプロジェクトを作成してください。プロジェクトのオプションは表1-27のように設定しましょう。

Xcodeを開いたら、左ペインのプロジェクトナビゲーターから、BalloonVolley/Packages/RealityKitContent/Package.realitycomposerproファイルを選択し、右上の［Open in Reality Composer Pro］ボタンをクリックします。Reality Composer Proが開かれたら、デフォルトで配置されている「Sphere_Left」エンティティ、「Sphere_Right」エンティティ、「GridMaterial」エンティティを削除してください。

そして、太陽の.usdzモデルを配置します。右上の［＋］ボタンからContent Libraryを開き、［Sun］をダブルクリックしてダウンロードし、配置しましょう（図1-75）。

表1-27 新規プロジェクトの設定

項目	設定値
[Project Name]	BalloonVolley
[Initial Scene]	Window
[Immersive Space Renderer]	RealityKit
[Immersive Space]	Mixed

図 1-75　[Reality Composer Pro.app] 太陽の 3D モデルを配置

▶ 1-7-2　別プロジェクトからエフェクトを移植

配置が完了したら、「Sun」エンティティに演出を加えていきます。せっかくなので1-6節で作成した炎のエフェクトを流用して、燃え盛る太陽を表現してみましょう。

まず、1-6節終了時点の「RPG」プロジェクトからRPG/Packages/RealityKitContent/Package.realitycomposerproファイルを開き、炎のParticleEmitterコンポーネントが付与されている「Flame」エンティティの右クリックメニューから [Copy] を選択してコピーします。

> **NOTE**
>
> 1-6節までの内容を制作していない場合は、サンプルリポジトリ内の以下の場所にあるプロジェクトを使用してください。
>
> - サンプルリポジトリ
>   https://github.com/ghmagazine/AppleVisionPro_app_book_2024
> - プロジェクトの場所
>   /ch1_nocode_lowcode/06/RPG

その後、「BalloonVolley」プロジェクトのReality Composer Pro画面に戻り、Hierarchy Browser上で右クリックメニューから [Paste] を選択して「Flame」エンティティをペーストし、Transformコンポーネントをデフォルト状態（[Position] を (0, 0, 0)、[Rotation] を (0, 0, 0)、[Scale] を (1, 1, 1)）に戻しましょう。プレビューしてみると、エフェクトが縦長に表示され、テクスチャが反映されていない状態になるはずです（図1-76）。

図1-76 [Reality Composer Pro.app] コピーしただけではエフェクトにテクスチャが反映されない

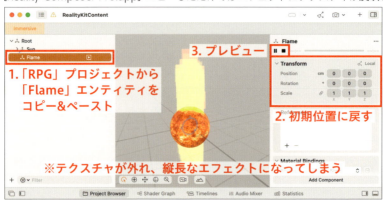

炎用のテクスチャをコピーして反映させます。「RPG」プロジェクトのReality Composer Pro画面を再度開き、Project Browser上でRealityKitContent.rkassets/ParticleEmitterPresetTextures/dustsheet.exrファイルをコピーしたのち、「BalloonVolley」プロジェクトのReality Composer Pro画面に戻り、Project Browser上で右クリックから[Paste]を選択してペーストしましょう。⌘+Vの押下や、All Filesのビュー上ではペーストできないので注意してください。

その後、「Flame」エンティティを選び、ParticleEmitterコンポーネントの[Particles]タブの[Particle Image]の項目にdustsheet.exrファイルをセットしてください（図1-77）。テクスチャが設定され、炎の見た目が正常になりました。

図1-77 [Reality Composer Pro.app] 炎のエフェクトにテクスチャを設定

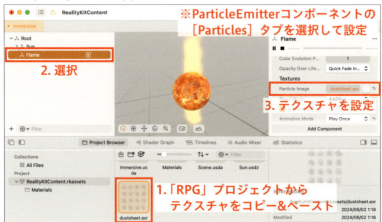

最後に、エミッターの形状を調整します。「Flame」エンティティのParticleEmitterコンポーネントの［Emitter］タブの項目を変更して、エミッターの形状を「Sun」エンティティに合わせましょう（図1-78、表1-28）。

表1-28 「Flame」エンティティのParticleEmitterコンポーネントの形状の設定

エンティティの名称	コンポーネント/タブ	項目	設定値
Flame	ParticleEmitter/Emitter	［Emitter Shape］	Sphere
		［Emitter Shape Size］	(0.1, 0.1, 0.1)

図1-78 ［Reality Composer Pro.app］炎のエフェクトの形状を設定

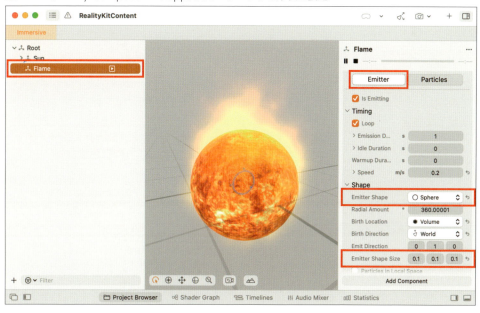

別プロジェクトからエフェクトを移植して、演出を適用できました。「Sun」エンティティの見た目のセットアップはこれで完了です。

▶ 1-7-3　各要素の配置

続けて、シーンに必要な各要素を配置していきます。

まず、太陽の位置を設定します。「Flame」エンティティを「Sun」エンティティの子にした上で、「Sun」エンティティのTransformコンポーネントの値を設定してください

（図1-79、表1-29）。これによって、アプリ実行時に太陽の3Dモデルがユーザーの目の前あたりに現れるようになります。

表1-29　「Sun」エンティティのTransformコンポーネントの設定

エンティティの名称	コンポーネント	項目	設定値
Sun	Transform	[Position]	(0, 150, -50)
		[Rotation]	(0, 0, 0)
		[Scale]	(1, 1, 1)

図1-79　[Reality Composer Pro.app] 太陽の初期位置を調整

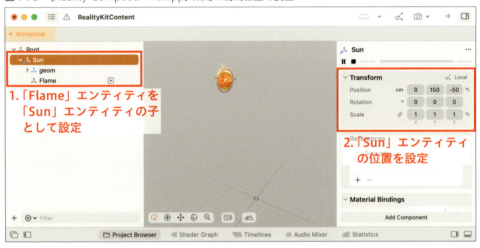

　次に、太陽に触るための当たり判定となるエンティティを追加します。なお、ここではこの当たり判定のことを、便宜上「ラケット」と呼ぶことにします。「LeftHand」「RightHand」と名付けたTransform（空のエンティティ）を作成し、それぞれの子として「Cube」エンティティを配置してください。「Cube」エンティティはHierarchy Browser左下部の［＋］ボタンから［Primitive Shape］→［Cube］を選択するか、右上の［＋］ボタンから開くContent Libraryで探して作成できます。

　配置できたら、「Cube」エンティティのTransformコンポーネントを図1-80のように設定してください。なお、これらは掌の位置に合わせるための暫定値なので、ビルド後、必要であれば各自再調整してください。

図1-80 [Reality Composer Pro.app] ラケットとなるエンティティを配置

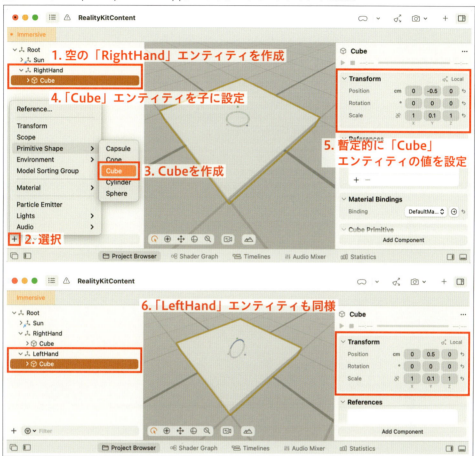

▶ 1-7-4　物理シミュレーションの設定

配置ができたので、「Sun」エンティティと各「Cube」エンティティ間の物理シミュレーションを設定していきます。

> **NOTE**
> 物理シミュレーション関連のコンポーネントについては「1-2-6　PhysicsMotionコンポーネントで動きを追加」の項で説明しました。必要であればそちらに戻り、復習してください。

まずは「Sun」エンティティにCollisionコンポーネントとPhysicsBodyコンポーネントを追加して値を設定します（図1-81、表1-30）。この際、Reality Composer Proアプリのメニューバーから［Viewport］→［Collision Shapes］を有効にすると、コリジョンの形状を確認でき、作業がしやすくなります。

PhysicsBodyコンポーネントの各値では、エンティティの衝突時に適用される摩擦や反発、空中運動時の空気抵抗などを設定しています。ビルド時に色々調整してみて、どのような挙動になるかチェックしてもよいでしょう。

表1-30　「Sun」エンティティの物理シミュレーションの設定

エンティティの名称	コンポーネント	項目	設定値
Sun	Collision	[Shape]	Sphere
	PhysicsBody	[Angular Damping]	0
		[Linear Damping]	2.2
		[Static Friction]	0.1
		[Dynamic Friction]	0.1
		[Restitution]	1
		[Mass]	20000

図1-81　[Reality Composer Pro.app] 太陽のコリジョンと物理シミュレーションの設定

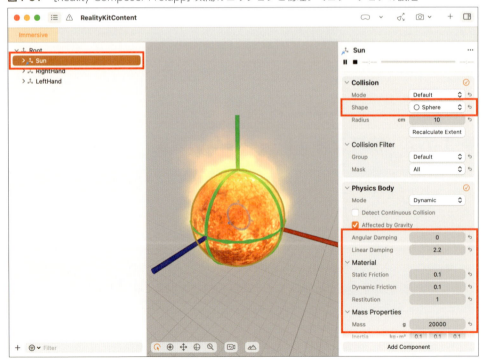

次に、ラケット側の設定をします。「RightHand」エンティティ、「LeftHand」エンティティにCollisionコンポーネントとPhysicsBodyコンポーネントを追加して、値を設定しましょう（図1-82、表1-31）。ラケットのコリジョン形状は「Cube」エンティティの大きさによって自動で設定されますが、形状が確定したあとは各「Cube」エンティティは不要になります。「Cube」エンティティを右クリックして［Deactivate］を選択し、非表示状態にしてください。

表1-31　ラケット用エンティティの物理シミュレーションの設定

エンティティの名称	コンポーネント	項目	設定値
RightHand, LeftHand	Collision	-	すべてデフォルトのまま
	PhysicsBody	[Mode]	Kinematic
		[Static Friction]	0.5
		[Dynamic Friction]	0.5

図1-82　［Reality Composer Pro.app］ラケットのコリジョンと物理シミュレーションの設定

これで、シーンの設定は完了しました。

1-7-5　Xcode側の設定

それでは前節までと同様、ARKitを使ったハンドトラッキングを有効にしていきます。なお、今回の作例ではハンドトラッキングの仕組みに加え、新たに"重力加速度をカスタマイズする"ためのコンポーネントとシステムも導入します。これにより「Sun」エンティティの落下する速度を調整でき、手によるインタラクションが行いやすくなります。

まず、コンポーネントとシステムをインポートします。サンプルリポジトリの「Resources」フォルダ内にある、以下の4つの.swiftファイルをダウンロードしてください。

- **サンプルリポジトリ**
  https://github.com/ghmagazine/AppleVisionPro_app_book_2024
- **「Resources」フォルダの場所**
  /ch1_nocode_lowcode/Resources
- **.swiftファイルの場所**
  /HandTracking/HandTrackingComponent.swift
  /HandTracking/HandTrackingSystem.swift
  /CustomPhysicsSimulation/CustomPhysicsSimulationComponent.swift
  /CustomPhysicsSimulation/CustomPhysicsSimulationSystem.swift

ダウンロードした4つのファイルを、Xcodeのプロジェクトナビゲーター上でBalloonVolley/Packages/RealityKitContent/Sources/RealityKitContentにドラッグ＆ドロップしてインポートしましょう（図1-83）。

図1-83　［Xcode.app］コンポーネントとシステムをインポート

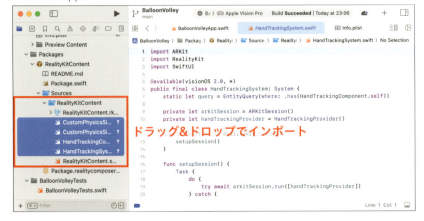

その後、Reality Composer Proの画面に戻り、「RightHand」エンティティと「LeftHand」エンティティにHandTrackingコンポーネントを追加して値を設定してください（図1-84、表1-32）。

表1-32 各エンティティのコンポーネントの設定

エンティティの名称	コンポーネント	項目	設定値
RightHand	HandTracking	[chirality]	right
		[jointName]	middleFingerKnuckle
LeftHand	HandTracking	[chirality]	left
		[jointName]	middleFingerKnuckle

図1-84 ［Reality Composer Pro.app］ハンドトラッキングの設定

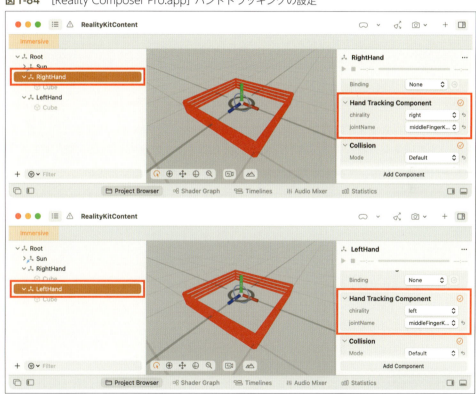

さらに、「Root」エンティティにCustomPhysicsSimulationコンポーネントを追加して、[gravity]の項目を(0, −1, 0)としてください。これによって「Root」エンティティ配下のエンティティに、"下向き$1m/s^2$の重力"が設定された物理シミュレーションを適用できます（図1-85）。

図1-85 ［Reality Composer Pro.app］重力の設定

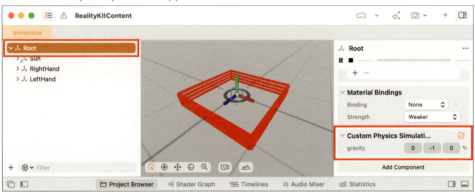

次に、インポートしたコンポーネントとシステムをアプリに登録します。Xcodeのプロジェクトナビゲーターから`BalloonVolley/BalloonVolleyApp.swift`ファイルを開き、次の①②の箇所を追記しましょう。今回は、重力加速度変更用のコンポーネントとシステムも登録するため、書き込む行数が増えていることに注意してください。

> **NOTE**
>
> 追記後の全文は、サンプルリポジトリ内の以下の場所からコピーできます。
>
> - **サンプルリポジトリ**
>   https://github.com/ghmagazine/AppleVisionPro_app_book_2024
> - **ファイルの場所**
>   /ch1_nocode_lowcode/07/BalloonVolley/BalloonVolley/BalloonVolleyApp.swift
>
> なお、②の箇所で登録している`HandTrackingSystem`は、visionOS 2.0以降にのみ対応しています。visionOS 2.0未満で開発を行う場合は、代わりに`RealityKitContent.HandTrackingSystemV1.registerSystem()`と登録してください。

BalloonVolleyApp.swift

```swift
import SwiftUI
import RealityKitContent  //①ここ

@main
struct BalloonVolleyApp: App {
    
    //-----②ここから-----
    init() {
        RealityKitContent.HandTrackingComponent.registerComponent()
        RealityKitContent.HandTrackingSystem.registerSystem()
        RealityKitContent.CustomPhysicsSimulationComponent.registerComponent()
        RealityKitContent.CustomPhysicsSimulationSystem.registerSystem()
    }
    //-----②ここまで-----
    
    @State private var appModel = AppModel()
    
    var body: some Scene {
        // ...省略...
    }
}
```

そして、BalloonVolley/Info.plistファイルに手のトラッキングデータを使用する理由を明記しましょう（図1-86、表1-33）。

表1-33　手のトラッキングデータへのアクセス要求文言の設定

項目	入力
[Key]	NSHandsTrackingUsageDescription
[Value]	手とボールのインタラクションのためにハンドトラッキングのデータを使用します。

図1-86　[Xcode.app] アクセス要求の文言を設定

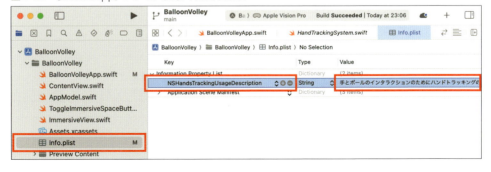

 1-7-6 実機で動作確認

これですべての設定が完了しました。実機でビルド・実行して確認しましょう！ ［Show Immersive Space］ボタンをタップしたあと、両手を使って太陽の3Dモデルのトスやスパイクができたら成功です（図1-87）。

> **NOTE**
>
> ベータ版のXcodeを使用している場合、インポートしたシステムにエラーが表示されて実行できないことがあります。対処法はサンプルリポジトリ内、第1章のREADME.mdファイルに記載しているため、必要であればそちらを確認してください。
>
> - トラブルシューティングが記載されたREADMEファイル
>   https://github.com/ghmagazine/AppleVisionPro_app_book_2024/blob/main/ch1_nocode_lowcode/README.md

なお、手を速く動かしすぎると、ラケットのハンドトラッキングが追いつかず空振りするので注意してください。また、「Sun」エンティティが手の届かないところへ飛んでいってしまった場合は、一度［Hide Immersive Space］ボタンをタップして再び［Show Immersive Space］ボタンをタップすることで、再度目の前に出現させることができます。周囲の空間を確保し、安全に動ける範囲でテストを行ってください。

図1-87 実機で動作させた様子

1-8 楽器を演奏しよう！（ローコード）

Collisionコンポーネントは、"仮想オブジェクト同士の衝突・侵入検知"の用途でも使用できます。本節では、章の最後の作例として、"衝突検知と音の再生"を行うコンポーネントとシステムをインポートし、楽器を演奏する体験を構築します。

> **NOTE**
>
> 完成したプロジェクトは、サンプルリポジトリ内の以下の場所にあります。気軽に試したい方はこちらを利用してください。
>
> - サンプルリポジトリ
>   https://github.com/ghmagazine/AppleVisionPro_app_book_2024
> - 「DrumKit」プロジェクトの場所
>   /ch1_nocode_lowcode/08/DrumKit
> - 「Piano」プロジェクトの場所
>   /ch1_nocode_lowcode/08/Piano

図1-88　作例：DrumKit、Piano

▶ 1-8-1　プロジェクトの作成

まずは、新しいプロジェクトを作成します。前節で操作したXcodeとReality Composer Proの画面が開いている場合は、閉じておきましょう。

「1-2-3　インストールとプロジェクトの開始」の項を参考にしながら、新しいプロジェクトを作成してください。プロジェクトのオプションは表1-34のように設定しましょう。

表1-34　新規プロジェクトの設定

項目	設定値
[Project Name]	DrumKit
[Initial Scene]	Window
[Immersive Space Renderer]	RealityKit
[Immersive Space]	Mixed

Xcodeを開いたら、左ペインのプロジェクトナビゲーターから、DrumKit/Packages/RealityKitContent/Package.realitycomposerproファイルを選択し、右上の[Open in Reality Composer Pro]ボタンをクリックします。Reality Composer Proが開かれたら、デフォルトで配置されている「Sphere_Left」エンティティ、「Sphere_Right」エンティティ、「GridMaterial」エンティティを削除してください。

▶ 1-8-2　各要素の配置

それでは、シーンを構築していきます。

まずはドラムキットの3Dモデルを配置します。右上の[＋]ボタンからContent Libraryを開き、[Drum Kit]をダブルクリックしてダウンロードし、配置します（図1-89）。

図1-89　[Reality Composer Pro.app]ドラムキットの配置

そしてTransformコンポーネントを表1-35のように設定して、アプリ実行時に目の前に表示されるようにします。

表1-35 「DrumKit」エンティティのTransformコンポーネントの設定

エンティティの名称	コンポーネント	項目	設定値
DrumKit	Transform	[Position]	(0, 0, −100)
		[Rotation]	(0, 0, 0)
		[Scale]	(1, 1, 1)

次に、ドラムの「当たり判定」となるエンティティをセットアップします。Hierarchy Browser左下部の［＋］ボタンから［Primitive Shape］→［Cylinder］で円筒状のエンティティを作成し、「Snare」と名前をつけてください。その後、「DrumKit」エンティティの子となるように配置します。そして、「DrumKit」エンティティのスネアドラムの位置に重なるように、「Snare」エンティティのTransformコンポーネントの値を調整します（図1-90）。

図1-90 ［Reality Composer Pro.app］当たり判定の配置

続いて、ドラムスティックを作成します。Content Libraryから［Drum Stick］を探し、シーンに2つ配置してください。その後、ハンドトラッキングの基準とするために

「LeftHand」「RightHand」と名付けたTransform（空のエンティティ）を作成し、それぞれの子として「DrumStick」エンティティを配置します。

そして、各「DrumStick」エンティティのTransformコンポーネントを設定しましょう。図1-91で示す値を目安として、ビルド後に各自の手の大きさに合わせて微調整してください。

図1-91 ［Reality Composer Pro.app］ドラムスティックの位置調整

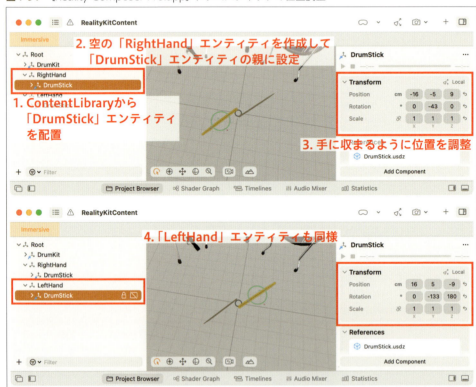

▶ 1-8-3　Xcode側の設定

配置したエンティティに機能を追加していく前に、一度Xcodeに戻って各種設定を行いましょう。

まず、コンポーネントとシステムをインポートします。サンプルリポジトリの「Resources」フォルダ内にある、以下の5つの.swiftファイルをダウンロードしてください。今回は、ARKitによるハンドトラッキングの仕組みに加え、"衝突検知と音の再生"の機能を持ったコンポーネントやシステムを導入します。

1-8 楽器を演奏しよう！（ローコード）

- **サンプルリポジトリ**

  https://github.com/ghmagazine/AppleVisionPro_app_book_2024

- **「Resources」フォルダの場所**

  /ch1_nocode_lowcode/Resources

- **.swiftファイルの場所**

  /HandTracking/HandTrackingComponent.swift

  /HandTracking/HandTrackingSystem.swift

  /AudioPlay/AudioSourceComponent.swift

  /AudioPlay/AudioTriggerComponent.swift

  /AudioPlay/AudioPlaySystem.swift

ダウンロードした5つのファイルを、Xcodeのプロジェクトナビゲーター上でDrumKit/Packages/RealityKitContent/Sources/RealityKitContentにドラッグ＆ドロップしてインポートしましょう（図1-92）。

図1-92　［Xcode.app］コンポーネントとシステムをインポート

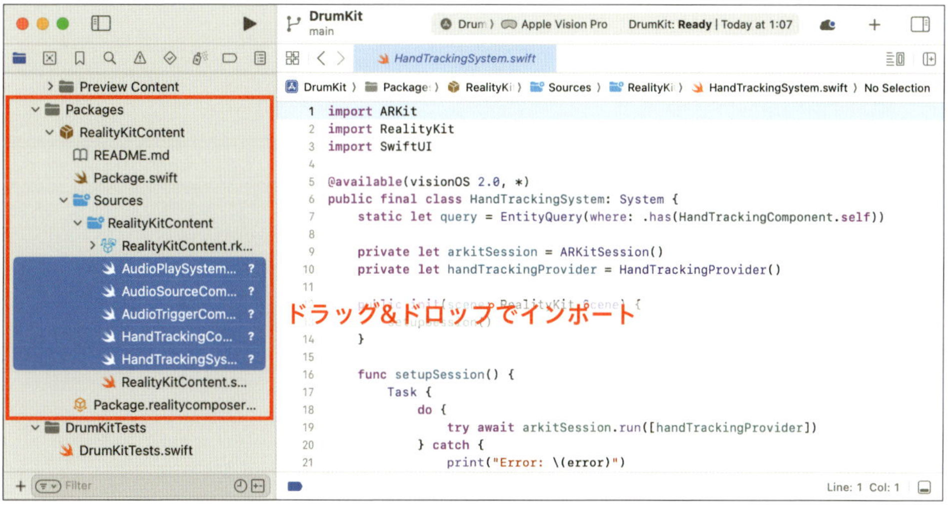

次に、インポートしたコンポーネントとシステムをアプリに登録します。DrumKit/
DrumKitApp.swiftファイルを開き、以下の①②の箇所を追記してください。

> **NOTE**
>
> 追記後の全文は、サンプルリポジトリ内の以下の場所からコピーできます。
>
> - **サンプルリポジトリ**
>   https://github.com/ghmagazine/AppleVisionPro_app_book_2024
> - **ファイルの場所**
>   /ch1_nocode_lowcode/08/DrumKit/DrumKit/DrumKitApp.swift
>
> なお、②の箇所で登録しているHandTrackingSystemは、visionOS 2.0以降にのみ対応
> しています。visionOS 2.0未満で開発を行う場合は、代わりにRealityKitContent.
> HandTrackingSystemV1.registerSystem()と登録してください。

DrumKitApp.swift

```swift
import SwiftUI
import RealityKitContent //①ここ

@main
struct DrumKitApp: App {

    //-----②ここから-----
    init() {
        RealityKitContent.HandTrackingComponent.registerComponent()
        RealityKitContent.HandTrackingSystem.registerSystem()
        RealityKitContent.AudioTriggerComponent.registerComponent()
        RealityKitContent.AudioSourceComponent.registerComponent()
        RealityKitContent.AudioPlaySystem.registerSystem()
    }
    //-----②ここまで-----

    @State private var appModel = AppModel()

    var body: some Scene {
        // ...省略...
    }
}
```

そして、DrumKit/Info.plistファイルに手のトラッキングデータを使用する理由を明記しましょう（図1-93、表1-36）。

表1-36 手のトラッキングデータへのアクセス要求文言の設定

項目	入力
[Key]	NSHandsTrackingUsageDescription
[Value]	ドラムスティックを手に追従させるためにハンドトラッキングのデータを使用します。

図1-93 ［Xcode.app］アクセス要求の文言を設定

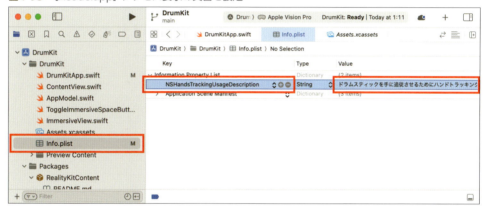

さらに、今回はもう1箇所だけコードの編集をする必要があります。DrumKit/ImmersiveView.swiftファイルを開き、次に示す①の部分を追記してください。ここでは、エンティティの衝突イベントに反応し、音源再生処理を呼び出す命令を書いています。

> **NOTE**
>
> 追記後の全文は、サンプルリポジトリ内の以下の場所からコピーできます。
>
> - **サンプルリポジトリ**
>   https://github.com/ghmagazine/AppleVisionPro_app_book_2024
> - **ファイルの場所**
>   /ch1_nocode_lowcode/08/DrumKit/DrumKit/ImmersiveView.swift

第1章　ノーコード or ローコードで遊ぶ visionOS

ImmersiveView.swift

```swift
import SwiftUI
import RealityKit
import RealityKitContent

struct ImmersiveView: View {

    var body: some View {
        RealityView { content in
            if let immersiveContentEntity = try? await Entity(
                named: "Immersive", in: realityKitContentBundle
            ) {
                content.add(immersiveContentEntity)
            }

            //-----①ここから-----
            _ = content.subscribe(to: CollisionEvents.Began.self){event in
                AudioPlaySystem.onCollisionBegan(event: event)
            }
            //-----①ここまで-----
        }
    }
}

#Preview(immersionStyle: .mixed) {
    ImmersiveView()
        .environment(AppModel())
}
```

　これで、Xcode側の設定は完了しました。再度Reality Composer Proの画面に戻り、エンティティへ機能を追加していきましょう。

▶ 1-8-4　ドラムスティックの設定

　まずは、ドラムスティックの設定です。手に固定するために、前節までと同様、「RightHand」エンティティと「LeftHand」エンティティにHandTrackingコンポーネントを追加して値を設定してください（図1-94、表1-37）。

92

表1-37 各エンティティのコンポーネントの設定

エンティティの名称	コンポーネント	項目	設定値
RightHand	HandTracking	[chirality]	right
		[jointName]	middleFingerMetacarpal
LeftHand	HandTracking	[chirality]	left
		[jointName]	middleFingerMetacarpal

図1-94 [Reality Composer Pro.app] ハンドトラッキングの設定

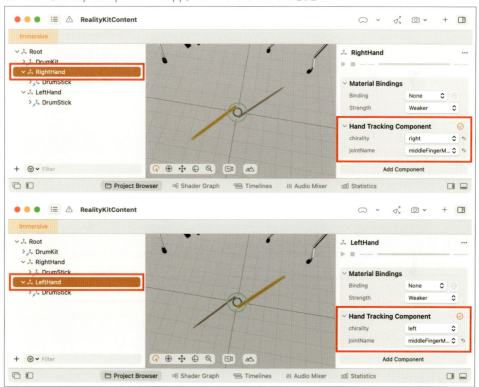

　次に、衝突検知の仕組みを追加します。左右両方の「DrumStick」エンティティに、Collisionコンポーネントと、先ほどインポートしたAudioTriggerコンポーネントを追加してください（図1-95）。なお、AudioTriggerコンポーネントは"衝突検知の目印となる"ことのみを役割としており、特に設定項目はありません。

図1-95 [Reality Composer Pro.app] スティックの衝突検知の設定

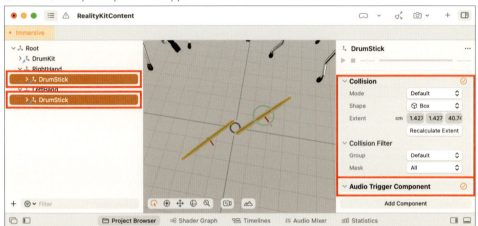

▶ 1-8-5　ドラムの設定

続いて、ドラムの設定です。

まずはドラムに音源をセットします。サンプルリポジトリ内にある音源フォルダをダウンロードし、Project Browserにドラッグアンドドロップしてインポートしてください。そして、Hierarchy Browser左下部の［＋］→［Audio］→［Audio File］から、シーンにオーディオファイルの要素を追加し、名前を「Audio」としたあと、「Snare」エンティティの子に設定しましょう。その後、「Audio」要素のインスペクタ上に表示されている［Audio File］の項目から、スネア用の音源を設定します（図1-96）。

- **サンプルリポジトリ**
  https://github.com/ghmagazine/AppleVisionPro_app_book_2024
- **音源の場所**
  /ch1_nocode_lowcode/Resources/AudioPlay/DrumKitAudioFiles

図1-96 ［Reality Composer Pro.app］スネア用の音源を設定

次に、衝突検知と音源再生用のコンポーネントを追加します。「Snare」エンティティに、Collisionコンポーネント、Opacityコンポーネント、そして先程インポートしたAudioSourceコンポーネントを追加し、図1-97のように設定してください。

なお、AudioSourceコンポーネントの［resourcePath］の項目では、再生するオーディオファイルの場所を指定しています。上記の手順通り「Audio」要素を「Snare」エンティティの直下に設定してある場合は、デフォルトの「/Audio」から変更する必要はありません。

> **NOTE**
>
> Collisionコンポーネントの［Shape］項目を［Box］としているのは、執筆時点のReality Composer Pro (ver.2.0) 上では［Box］、［Sphere］、［Capsule］の3パターンのコリジョン形状しか選べないためです。コードを書けば円筒形のコリジョンを作成できるので、より正確な当たり判定を作りたい場合はチャレンジしてみてください。
>
> - https://developer.apple.com/documentation/realitykit/collisioncomponent/init(shapes:isstatic:filter:)
> - https://developer.apple.com/documentation/realitykit/shaperesource/generateconvex(from:)-53jm9

図1-97 [Reality Composer Pro.app] スネアの衝突検知と音源再生の設定

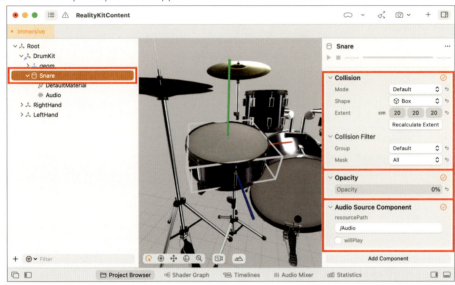

スネア部分単体に対する設定はこれで完了です。

最後に、「Snare」エンティティを複製して、位置と大きさを調整し、スネア以外の各部位にも適用させましょう（図1-98）。各「Audio」要素の［Audio File］に設定する音源ファイルは、ドラムのパーツに合わせて変更してください。

図1-98 [Reality Composer Pro.app] ドラムの各部位用に当たり判定と音源の設定を複製

 1-8-6　実機で動作確認

これですべての設定が完了しました。実機でビルド・実行して確認しましょう！［Show Immersive Space］ボタンをタップしたあと両手を動かし、スティックとドラムの接触によって音が再生されたら成功です（図1-99）。

> **NOTE**
>
> ベータ版のXcodeを使用している場合、インポートしたシステムにエラーが表示されて実行できないことがあります。対処法はサンプルリポジトリ内、第1章のREADME.mdファイルに記載しているため、必要であればそちらを確認してください。
>
> - **トラブルシューティングが記載されたREADMEファイル**
>   https://github.com/ghmagazine/AppleVisionPro_app_book_2024/blob/main/ch1_nocode_lowcode/README.md

図1-99　実機で動作させた様子

また、本節の内容を応用したサンプルとして「Piano」プロジェクトを用意しています。作り方の詳細は割愛しますが、こちらのプロジェクトでは音源を再生する仕組みに加え、押し込んだ量に応じて鍵盤が動く仕組みを実装し、"ピアノを弾く体験"を実現しています（図1-100）。

> **NOTE**
> 「Piano」プロジェクトはサンプルリポジトリ内の以下の場所にあります。
>
> - **サンプルリポジトリ**
>   https://github.com/ghmagazine/AppleVisionPro_app_book_2024
> - **プロジェクトの場所**
>   /ch1_nocode_lowcode/08/Piano

図 1-100　「Piano」プロジェクトの動作の様子

1-9　本章のまとめ

　本章では、ノーコード/ローコードで手軽に試せるインタラクティブな作例を、順に紹介してきました。

▶ 1-9-1　Reality Composer Pro

　特に後半の作例では、"手で打つ"、"演奏する"といった少々応用的なインタラクションでさえも、Reality Composer Proを活用することで、グラフィカルな操作をメインにして実装可能であることがおわかりいただけたかと思います。

　執筆時点のReality Composer Pro（ver.2.0）では、制限やできないこともまだ多い印象ですが、一方で、本章で紹介しきれなかった便利な機能もたくさん残っています。

　例えばShader Graphと呼ばれるマテリアル作成手法を用いると、動的に変化するマテ

リアル表現をノードベースの直感的な操作で構築可能です。以下のドキュメントなどから概要を学べるほか、本書の「第4章　SunnyTuneの実装事例」では、具体的な活用事例を確認できます。

- **ShaderGraph**
  https://developer.apple.com/documentation/ShaderGraph
- **Explore materials in Reality Composer Pro**
  https://developer.apple.com/videos/play/wwdc2023/10202/
- **Explore the USD ecosystem**
  https://developer.apple.com/videos/play/wwdc2023/10086/

また、Reality Composer Pro 2.0から導入されたTimelineエディターを使用すると、アニメーションや音源などを特定の順序で再生するシーケンスを作成できます。同じくReality Composer Pro 2.0から使用可能になったBehaviorsコンポーネントと組み合わせると、"エンティティ同士の衝突に反応して音源を再生する仕組み"を、1-8節のカスタムコンポーネントを導入せずとも実現可能です。興味があれば、1-8節の内容をTimelineエディターで実装し直してみてもよいでしょう。Timelineエディターの詳細は以下のWWDC24のセッションやサンプルから確認してください。

- **Compose interactive 3D content in Reality Composer Pro**
  https://developer.apple.com/videos/play/wwdc2024/10102/
- **Composing interactive 3D content with RealityKit and Reality Composer Pro**
  https://developer.apple.com/documentation/RealityKit/composing-interactive-3d-content-with-realitykit-and-reality-composer-pro

▶ 1-9-2　コンポーネントとシステム

ノーコード／ローコードでの体験構築を実現するために、本章では"独自実装したコンポーネントとシステム"の配布を行いました。Entity Component System（ECS）の仕組みを活用し、よく使う機能をReality Composer Pro上で扱えるようにすると、書き込むコード量が減り直感的にアプリを構築できるようになって大変便利です。ただし、本章で配布したサンプルの中には、必要な機能を無理やりシステムにまとめた箇所もあるため、これらはかならずしもvisionOS開発における最適な実装形態とはいえないことに注意してください。

例えばハンドトラッキングの実装は、先にも紹介した以下の公式サンプルのように "ARKitの設定をモデル内に定義してビューから呼び出す実装" や、"RealityKitのSpatialTrackingSessionを利用した実装" など、さまざまなパターンが考えられます。とはいえ、Reality Composer Proを使用して簡易的な体験を構築するケースに限っては、本章で配布した実装でも充分だと思われます。実際のアプリ開発に本章のコードを使用する際には、これらのサンプルと見比べながら最適な手法を選択してください。

- **Happy Beam**
  https://developer.apple.com/documentation/visionos/happybeam
- **Incorporating real-world surroundings in an immersive experience**
  https://developer.apple.com/documentation/visionos/incorporating-real-world-surroundings-in-an-immersive-experience
- **Creating a spatial drawing app with RealityKit**
  https://developer.apple.com/documentation/realitykit/creating-a-spatial-drawing-app-with-realitykit

▶ 1-9-3　Next Step：コーディングの世界へ！

さらに踏み込み、より表現力豊かなアプリケーションを作成したくなった場合は、コードやアプリ設計のノウハウを段階的に学んでいきましょう！

公式で提供される以下のサンプルなどは、Reality Composer Proでのアセット構築をベースに、Entity Component System（ECS）を活用した設計がなされており、学びが多くあります。ぜひ学習の参考にしてください。

- **Diorama**
  https://developer.apple.com/documentation/visionos/diorama
- **Swift Splash**
  https://developer.apple.com/documentation/visionos/swift-splash
- **BOT-anist**
  https://developer.apple.com/documentation/visionos/bot-anist

そしてもちろん、以降の章でもvisionOS開発に関する様々なヒントが見つかるはずです。本章で紹介した例と照らしながら色々試して、ぜひ魅力的な空間コンピューティング体験を作ってみてください！

第2章 SwiftUIによる AI英会話アプリ開発

副島 拓哉

　本章では、AIを用いた英会話アプリの構築を通して、SwiftUIを利用したWindowアプリ開発の基礎を解説します。

　Apple Vision Pro向けに開発されたアプリのほとんどは、ユーザーインターフェースにWindow要素を採用しています。本章で解説するWindowアプリの理解を深めれば、Apple Vision Pro向けアプリ開発の基礎を学ぶことができます。

　SwiftUIでは、iOS、macOS、watchOS、tvOSなど、Appleの各プラットフォーム向けのユーザーインターフェースを簡単に構築できます。本章では、Window要素のインターフェースを構築するために、visionOS向けにSwiftUIを利用する方法を解説します。

　visionOSによるSwiftUIを用いたユーザーインターフェースの構築方法を知ることで、みなさんのApple Vision Pro向けアプリの開発の参考になれば幸いです。

2-1　はじめに〜サンプルアプリの概要

　本章では、Apple Vision Pro上の空間でGoogleの生成AIと英会話を行うアプリを構築していきます。生成AIとは、一言で説明すると学習したデータをもとに文章や画像、音楽などを生成する技術のことです。ユーザーとの自然なチャットを実現できるため、本章で作成するアプリでは生成AIを利用します。なお、生成AIについての詳しい解説は、以下の書籍をおすすめします。

- 高橋海渡、立川裕之、小西功記、小林寛子、石井大輔、『図解即戦力　AIのしくみと活用がこれ1冊でしっかりわかる教科書』、技術評論社、2022.

このアプリでは、ユーザーが任意のシチュエーションを選択し、英会話を練習することができます。例えばカフェでの注文のようなシチュエーションを選択すると、客と店員のロールプレイによって英会話の練習ができます。

アプリの大まかな画面の構成は、Home画面と英会話画面です。Home画面では、会話のシチュエーションの選択や検索、現在行っているロールプレイの中断や再開などを操作します。英会話画面では、人型の3Dモデルと向かい合って英会話を行います。また、英会話のロールプレイ中に、これまでの会話内容の確認や、AIの発言を翻訳できる機能があります。

Home画面の実装を通して、SwiftUIを用いたWindowアプリの基礎的な実装方法を解説します。また、英会話画面の実装を通して、3Dモデルの表示や表現の方法、生成AIの設定方法などを解説します。

完成後のアプリの様子を図2-1に示します。

図2-1 完成後のアプリの様子

繰り返しになりますが、本章では主にApple Vision Pro向けのWindowを用いたアプリとvisionOS向けに追加されたSwiftUIのUIコンポーネント、空間コンピューティングを意識したUI構築方法について解説します。

UIコンポーネントはSwiftUIが提供するUIを構築するための部品を集めたものです。iOSやmacOSでは共通した利用方法があっても、visionOSでは扱いの異なるものが多数存在します。

本章では、これまでにSwiftUIを用いてiOSやmacOS向けアプリを開発したことがある方に向けて、これからApple Vision Pro向けアプリ開発を行うための基本的なアプリの開発方法や実装方法を解説します。そのため、SwiftUIやSwiftについての基本的な構文については解説していないのでご了承ください。SwiftUIやSwiftについての解説は、AppleのSwiftUIチュートリアルや以下の書籍をおすすめします。

- SwiftUI Tutorials：https://developer.apple.com/tutorials/swiftui
- 石川洋資、西山勇世、『[増補改訂第3版] Swift実践入門』、技術評論社、2020.

2-2 基本的なWindowアプリの作成

本節ではアプリの顔であるHome画面を作成します（図2-2）。

▶ 2-2-1 Windowアプリ

WindowアプリはApple Vision Pro向けアプリの基礎を担い、特徴的な見た目になっています。WindowアプリはApple Vision Proを通して見た空間に馴染むように、すりガラスのように透けており、空間に存在しながら現実空間との境界が分かりやすくなっています。これによって周囲と融合した状態でアプリを操作できます。

Window要素には、閉じるボタン（Button）や、移動するためのバー（Bar）、リサイズ機能などがデフォルトで備わっています。Windowのサイズはアプリの用途に応じて縦長や横長に自由に変更できます。アプリの表示内容を複数のWindowに表示することもできますが、多数のWindowに表示を分けるのは操作性の観点からおすすめしません。また、visionOSにおけるWindowは、macOSとは違って2D上ではなく空間上に配置するので、上下左右だけでなく前後にも配置できます。このとき、遠くに置くか近くに置くかによって、Windowのサイズは自動的に変更されます。

図2-2 完成後のHome画面

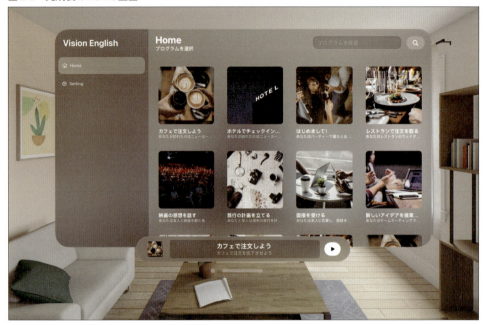

　以下に示すURLでは、空間デザインの原則について動画で解説されています。詳しく知りたい方はこちらを参照してください。Appleの推奨するUIの実装方法に則ることで、距離感にかかわらずUXの高い表示を実現できます。

- **Principles of spatial design**
  https://developer.apple.com/videos/play/wwdc2023/10072/

▶ 2-2-2　NavigationSplitViewによるナビゲーションフロー

　Windowアプリケーションでは、ナビゲーションのルートとなるWindowが必要です。本章の例では、`MainWindow`をルートとして作成し、主に各画面の表示切り替えを行います。メニューの切り替えには、`NavigationSplitView`を採用しました。

　`NavigationSplitView`は画面を2つまたは3つに分割します。2画面の場合、分割された左側画面の選択によって、右側に展開される画面の表示を制御します。一般的には左側画面がメニューのリストで、右側画面はメニューの詳細（内容）を表示します。これによってナビゲーションフローをより直感的で使いやすいものにできます。

NavigationSplitViewは、主にiPadやMacなどの大きな画面を操作する際に利用します。Apple Vision Proも大きな画面で操作することが多く、利用に適しています。図2-3はNavigationSplitViewを使ったUIの例です。

図2-3　NavigationSplitViewの表示例

　以下に示すコードはNavigationSplitViewによるナビゲーションフローの基本的な実装方法です。

MainWindow.swift

```swift
@State private var selectedPage: PageType? = .home

var body: some View {
    NavigationSplitView {
        // 左側に表示される親となる画面
        List(PageType.allCases, id: \.self, selection: $selectedPage) { page in
            HStack {
                Image(systemName: page.iconName)
                Text(page.title)
            }
```

```
            }
    } detail: {
        // 右側に表示される左側の入力によって変化する画面
        switch selectedPage {
        case .home:
            Text("Home")
                .font(.system(size: 100, weight: .heavy))


        case .setting:
            Text("Setting")
                .font(.system(size: 100, weight: .heavy))


            // ...省略...
        }
    }
```

　左側の画面にはメニューのリストを配置し、右側にはリストから選択された内容を
もとにタイトルを表示しています。selectedPageで各ページをリストで保持し、リス
トが選択されると値が変更され、右側に表示される画面もそれに応じて変更します。
NavigationSplitViewの詳しい利用方法については、公式のドキュメントを参考にして
ください。

- **NavigationSplitView**

    https://developer.apple.com/documentation/swiftui/navigationsplitview

　Apple Vision Proでは視線を用いてアプリを操作するため、メニュー側のリストに通
常のアプリとは異なる工夫が施されています。
　以下に示すドキュメントによると、visionOSのボタンやリストなどの選択できるオブ
ジェクトが隣り合わせになる場合は、16ポイント以上の間隔を空けることが推奨されて
います。UIコンポーネントに備わっているListを使用すれば、自動的に間隔が設定され
るので、オブジェクト同士の距離を特に考慮する必要はありません。手動で間隔を指定
する場合は、16ポイント以上の間隔を空けることを意識しましょう。

- **Design for spatial user interfaces**

    https://developer.apple.com/videos/play/wwdc2023/10076

▶ 2-2-3　Home画面

　様々なシチュエーションの英会話を想定して、本章で解説するアプリにはシチュエーションを選択する画面があります。本項では、各シチュエーションのサムネイルとタイトル、説明文を表示するUIを作成します。SwiftUIではViewプロトコルに準拠した構造体を定義することで、画面のViewを作成していきます。Home画面に表示されるViewをHomePageViewとして作成します。

　先ほどのNavigationSplitViewに、HomePageViewを追加します。HomePageViewには、SwiftUIで一般的に利用されるLazyVGridコンポーネントを利用します。

　LazyVGridは、縦方向にスクロールするグリッドレイアウトを作成するためのコンテナビュー[注1]です。GridItemプロパティを使用して、グリッドの列や行のサイズ、およびそれらの間隔を指定できます。完成したUIを図2-4に示します。

図2-4　完成後のHomeのUI

注1　コンテナビューとは他のViewをグループ化し、レイアウトを管理するためのViewです。

第 2 章　SwiftUI による AI 英会話アプリ開発

HomePageView.swift

```swift
// グリッドのサイズの最小値を設定
@Environment(SharedViewModel.self) private var sharedViewModel

private let columns = [GridItem(.adaptive(minimum: 200))]
private var selected: (ProgramDataSet) -> Void

init(selected: @escaping (ProgramDataSet) -> Void) {
    self.selected = selected
}

var body: some View {
    @Bindable var sharedViewModel = sharedViewModel
    ScrollView {
        // itemサイズとitemの間を16ポイント空けるように設定
        LazyVGrid(columns: columns, spacing: 16) {
            ForEach(sharedViewModel.situationContents, id: \.self) { ⏎
situationContent in
            ProgramCollectionItemView(dataSet: situationContent)
            .onTapGesture {
                // 選択されたsituationContentをHomePageViewの呼び出し先に渡す
                selected(situationContent)
            }
        }
    }
    .padding(.all)
}
```

　上記のコードでは、アイテムのサイズを最低200ポイントの幅とし、アイテム間の間隔を16ポイントに設定しています。またsituationContentsはシチュエーションの情報を持つ構造体の配列です。タイトルや説明文などの情報は、次で解説するProgramCollectionItemView.swiftに記述して描画します。.onTapGestureを追加するとProgramCollectionItemViewはタップを認識します。

　ProgramCollectionItemViewの詳細について、以下のコードをもとに解説します。

ProgramCollectionItemView.swift

```swift
var body: some View {
    VStack(alignment: .leading) {
        Image(dataSet.imageName) // サムネイル画像
```

```
                .resizable()
                .aspectRatio(contentMode: .fill)
                .frame(width: 190, height: 190)
                .clipped()
                .cornerRadius(10)
                .padding(8)
            Text(dataSet.title) // タイトル
                .font(.system(size: 16, weight: .bold))
                .foregroundStyle(.primary)
                .padding(.horizontal, 8)
                .padding(.bottom, .zero)
                .lineLimit(1)
            Text(dataSet.description) // 詳細説明
                .font(.system(size: 12))
                .foregroundStyle(.secondary) // secondaryを用いてタイトルとの差をつける
                .padding(.horizontal, 8)
                .lineLimit(1)
        }
    }
}
```

ProgramCollectionItemView.swiftでもvisionOS特有の利用方法があります。

Textはタイトル（Title）と説明（Description）の2つのUIを持っています。リリースされている多くのiOSアプリは、ライトモードであればタイトルは黒に近い配色、説明はタイトルより少しトーンが明るめな配色を基本にしています。visionOSアプリでも基本的には同様の配色が採用されています。ただし、visionOSでは空間上の移動を想定しているので、iOSとは少し考え方が変わります。前述の通りWindowアプリにはガラスのようなマテリアルのデザインが適用されており、ライトモードやダークモードといった設定はなく、全体的に統一感のあるデザインが採用されています。Text自体をメインの文字で見せるのであれば、.foregroundStyle(.primary)のように設定します。タイトルに対する説明のような役割を持たせたい場合は、.foregroundStyle(.secondary)を設定することでトーンを変え、テキストの見え方に差をつけます（図2-5）。

通常の配色設定ではなく.foregroundStyleを用いる理由として、Vibrancyがあります。Vibrancyは、Windowアプリ内の文字が背景の明るさに自動的に適応するように、ガラスマテリアルの明度を調整する機能です。これにより、常に最適なコントラストで文字を表示し、高い可読性を確保します。タイトルと説明という役割の違うテキストを並べる場合に階層構造を作り出し、時間帯や場所などの影響を受けないUIを構築できます。

次にProgramCollectionItemView全体の設定をします。ProgramCollectionItemViewは

図2-5　テキストの見え方に差をつける

図2-6　ホバー未調節時の様子

　クリックされることが前提のViewです。Apple Vision Proのクリックは、物理的に指でタップする方法と、視線で選択してハンドジェスチャーでクリックする方法があります。視線で選択をするには、HoverEffectを頼りにしてクリックを行います。HoverEffectは、視線が選択可能な要素の付近をホバーした際に、ハイライトや大きさを強調するといった視覚的なフィードバックが得られる機能です。visionOS以外のmacOSやiPadOS向けアプリケーションでも、マウスのポインタのホバー時に利用されています。Buttonには自動的にHoverEffectが適用されますが、Viewに`.onTapGesture`を設定している場合は自動的には適用されません。このままではユーザーが選択できる項目として認識できないため、HoverEffectを追加する必要があります。そこで`.hoverEffect()`を用いることで視線でのホバー時にHoverEffectをViewに適用できます。ただし、このままではUIコンポーネントごとにHoverEffectの効果が表示されたり、図2-6の赤枠部分のように両隣との間隔が少なくなって不自然になったりします。

このHoverEffectの設定に関する問題を解決するには、以下のようなコードを記述します。

ProgramCollectionItemView.swift

```swift
var body: some View {
    VStack(alignment: .leading) {
        // ...省略...
    }
    .padding(8)
    .contentShape(.interaction, .rect) // 当たり判定の幅をコントロール
    .contentShape(.hoverEffect, .rect(cornerRadius: 16)) // hoverEffectのcornerRadius を設定できる
    .hoverEffect() // hoverEffect追加
}
```

ホバー自体はViewの縁に沿って適用されるので、.paddingを追加してViewに余白を持たせ、自然なデザインにします。次に当たり判定の幅を実際のViewより大きくするために.contentShape(.interaction, .rect)を適用して調節します。最後に、通常の状態ではホバー自体の角が直角なので、.rect(cornerRadius: 16)のオプションを追加して角丸を適用し、自然な表現にできます（図2-7）。

図2-7 ホバー調節後の様子

▶ 2-2-4 ナビゲーションバー

　前項までにNavigationSplitViewとLazyVGridを用いて、アプリの基本的な見た目を実装できました。この状態ではユーザーがアプリのどの画面を選択しているのか直感的に分からないので、ナビゲーションバーを設定します。ナビゲーションバーは、他の端末でもよく使用されているUIです。画面上部に表示され、アプリ内の移動や画面操作のためのボタンなどを配置できます。ここでは、現在ユーザーが表示している画面のタイトルと詳細説明、シチュエーションの検索部分を追加します（図2-8）。

図2-8　完成後のナビゲーションバー

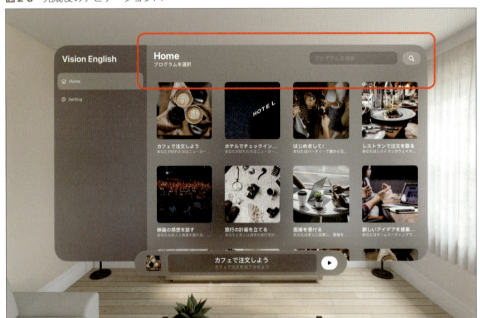

　ナビゲーションバーを実装したコードは以下です。

MainWindow.swift

```
HomePageView()
    .toolbar {
        ToolbarItem(placement: .navigationBarLeading) {
            makeNavigationBarLeadingSection()
        }
```

```
        ToolbarItem(placement: .navigationBarTrailing) {
            makeNavigationBarTrailingSection()
        }
    }
}
```

　HomePageViewには、.toolbarを利用してToolbarItemを追加します。ToolbarItemは、任意のViewをリストするためのUIコンポーネントです。ナビゲーションバーやツールバーにボタンやテキストなどのViewを配置する際に使用します。

　ToolbarItem(placement: .navigationBarLeading)のようにplacementを指定することでViewを配置する位置を指定できます。この実装では左側と右側の両方にViewを配置します。.navigationBarLeadingが左側、.navigationBarTrailingが右側です。placementで指定できるViewの位置は他にもあるので、以下の公式ドキュメントを参照してください。

● **ToolbarItemPlacement**
　https://developer.apple.com/documentation/swiftui/toolbaritemplacement

MainWindow.swift

```
private func makeNavigationBarLeadingSection() -> some View {
    VStack(alignment: .leading) {
        Text("Home")
            .font(.system(size: 32, weight: .bold))
            .foregroundStyle(.primary)
        Text("プログラムを選択")
            .font(.system(size: 16, weight: .bold))
            .foregroundStyle(.secondary)
    }
}
```

　左側に設定するUIは画面のタイトルでした。この実装では「Home」がタイトル、「プログラムを選択」が説明で、これらを縦並びで表示しています。

第 2 章　SwiftUI による AI 英会話アプリ開発

MainWindow.swift

```swift
private func makeNavigationBarTrailingSection() -> some View {
    // 触ることのできるUIコンポーネントの間隔は最低でも16ポイント開ける
    HStack(alignment: .center, spacing: 16) {
        TextField("プログラムを検索", text: $input)
            .textFieldStyle(.roundedBorder)
            .frame(width: 300)
            .contentShape(.capsule)

        Button(action: {
            searchSelected(input)
        }, label: {
            Image(systemName: "magnifyingglass")
        })
        .contentShape(.circle)
    }
}
```

　右側には、検索用の TextField と Button を横並びで配置します。前述の通り、visionOS は視線で操作を行うため、触ることのできる UI コンポーネント同士の間隔は、最低でも 16 ポイント空けることが推奨されています。この実装でも TextField と Button の間隔を spacing: 16 と設定しています。

▶ 2-2-5　visionOS 独自の UI "Ornament"

　ここまで見てきた Home 画面の UI は、visionOS 独自の UI コンポーネントというわけではなく、他の iOS や macOS でも広く利用されてきたものを visionOS に適応させました。一方、本項で紹介する **Ornament** は、visionOS 専用に新しく追加された UI コンポーネントの概念です。visonOS では Window の枠に捉われず、Window の外の空間も使用できるため、Window の外側に View を表示する機能が追加されています。Apple のデモアプリや以下の Apple Vision Pro のプロモーション動画内で紹介されているアプリにも Ornament は使われており、visionOS アプリのユーザーインターフェースとして欠かせない UI コンポーネントです。

- **Introducing Apple Vision Pro**
  https://www.youtube.com/watch?v=TX9qSaGXFyg

114

図2-9 visionOSのTabView

　OrnamentのイメージとしてはTabViewが分かりやすい例です。モバイルアプリでも多く利用されているTabViewは、visionOSではWindow内ではなくWindowの外側に別のViewとしてアイコンが並ぶように表示されます（図2-9）。このようなUIがOrnamentです。完成したUIを図2-10に示します。

　以下がOrnamentを用いたコードです。

MainWindow.swift

```
HomePageView()
    .ornament(attachmentAnchor: .scene(.bottom)) { // Ornamentの位置を指定する
        makeOrnamentSection(imageName: imageName, title: title, description: ↲
description)
    }
```

図2-10 Ornament

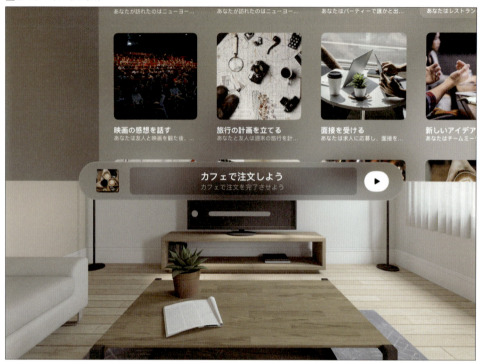

このOrnamentを利用して、Home画面にユーザーが学習しているシチュエーションの内容を表示するUIを作成します。まず、.ornament(attachmentAnchor: .scene(.bottom))のモディファイアをViewにつけると、Ornamentをつけることが可能です。attachmentAnchor: .scene(.bottom)のように指定することでOrnamentの位置（上下左右、寄せる方向）を指定できます。

makeOrnamentSection()でOrnamentのUIを作成しています。

MainWindow.swift

```swift
private func makeOrnamentSection(imageName: String, title: String, description:
String) -> some View {
    HStack(alignment: .center, spacing: 16) {
        // 左側のサムネイル画像
        Image(imageName)
            .resizable()
            .aspectRatio(contentMode: .fill)
            .frame(width: 50, height: 50)
```

```
            .clipped()
            .cornerRadius(4)
            .padding(8)
        // 中央のタイトルと説明文
        VStack(alignment: .leading, spacing: 2) {
            Text(title)
                .font(.system(size: 20, weight: .bold))
                .padding(.bottom, .zero)
            Text(description)
                .font(.system(size: 14))
                .foregroundColor(.secondary)
        }
        .padding(.vertical, 8)
        .frame(minWidth: 500)
        // 文字を見やすくしたいときや強調したいときにはMaterialで差をつける
        .background(.regularMaterial, in: .rect(cornerRadius: 8))

        // 右側の再生/一時停止ボタン
        Toggle(isOn: $isPause){
          isPause ?  Image(systemName: "play.fill") : Image(systemName: "pause.fill")
        }
        .toggleStyle(.button)
    }
    .padding(.vertical, 8)
    .padding(.horizontal, 32)
    .glassBackgroundEffect()
}
```

　このUIの実装で意識している点が2つあります。

　1つ目は、タイトルと説明を囲むVStackの背景を強調させるために、.background(
.regularMaterial, in: .rect(cornerRadius: 8))のように設定していることです。
visionOSでは、背景色を指定せずにMaterialを利用することで、明度の異なるすりガラ
ス風エフェクトの背景を実現しています。Materialは6段階の厚さから選択でき、厚く
するほど背景に強いぼかしが入ります。これによってWindowの背景から光が入る加減
を調整できるため、図2-11のような違いが確認できます。

　2つ目は全体を囲むHStackに.glassBackgroundEffect()を設定していることです。こ
れによってOrnamentにすりガラス風エフェクトの背景が設定されます。なお、設定し
ない場合は透明になります。

図2-11 （左）背景の強調なし（右）背景の強調あり

2-3 英会話機能の実装

ここまでHome画面とシチュエーションを選択するUIを作成しました。本節ではアプリのメインコンテンツである英語でのロールプレイ部分を作成します。この英会話アプリは、入力、会話履歴の表示、会話相手の表示を行う3つのWindowを用いて構成します。

▶ 2-3-1 英会話AIの設定

英会話に使用する生成AIとしてGoogleのGeminiを利用し、Googleが提供するGoogle AI SDK for Swiftというライブラリを用いて実装します。API Keyの設定やライブラリの導入方法はGoogle公式のドキュメントを参照してください。

- **Quickstart: Get started with the Gemini API in Swift apps**
  https://ai.google.dev/tutorials/swift_quickstart

以下は生成AIのGeminiと会話するためのコードです。

GeminiRepository.swift

```swift
import GoogleGenerativeAI
import Foundation

final class GeminiRepository {
    let model = GenerativeModel(
```

2-3 英会話機能の実装

```swift
        name: "gemini-pro",  // 利用する言語モデルを設定
        apiKey: "API Key",  // API Keyを設定
        generationConfig: GenerationConfig(temperature: 1, maxOutputTokens: 1000) ↩
// temperatureと最大トークン数を指定
    )

    public func request(allMessages: [ModelContent], sendMessage: String) async ↩
throws -> String {
        do {
            // 会話履歴を設定
            let chat = model.startChat(history: allMessages)
            // APIに発言のリクエストを送りレスポンスを受け取る
            let response = try await chat.sendMessage(sendMessage)
            // AIからの返答を返す
            return response.text ?? ""
        }
        catch {
            throw error
        }
    }
}
```

　GeminiRepositoryというクラスを作成し、requestを実行することで会話を送信し、返答を受け取ります。正式にリリースする場合は、適切なエラー処理を実装してください。

　以下はGeminiRepositoryクラスのrequestメソッドの実行部分です。SharedViewModelというObservable()マクロ[注2]を適用したクラスを作成します。Observable()マクロはプロパティの変更を監視し、プロパティのデータが変更された際にUIを変更できます。

SharedViewModel.swift

```swift
@Observable
class SharedViewModel {
    let geminiRepository = GeminiRepository()
    // 会話の履歴を保持
    var messageDataSets: [MessageModel] = []

    func sendMessage(message: String, sender: MessageModel.Sender) {
        // messageDataSetsを[ModelContent]に変換
```

注2　Swiftのマクロはコンパイル時にソースコードの一部を生成し、コードの記述の繰り返しを避けることができます。

第2章 SwiftUI による AI 英会話アプリ開発

```swift
        let allMessages = messageDataSets.map {
            ModelContent(role: $0.role, $0.message)
        }
        // messageDataSetsの配列の最後にユーザーの発言内容を追加
        messageDataSets.append(MessageModel(message: message, sender: sender))

        Task {
            do {
                // 発言のリクエストを送りレスポンスを受け取る
                let response = try await geminiRepository.request(allMessages: ⏎
allMessages, sendMessage: message)
                // latestAIMessageにAIからの返答を保存
                latestAIMessage = response
                // messageDataSetsにAIからの返答を最後尾に追加
                messageDataSets.append(MessageModel(message: response, sender: .ai))
            }
            catch {
                print(error)
            }
        }
    }
}
```

　UIからsendMessageメソッドを実行することで、会話のリクエストとそのレスポンス
を受け取ります。sendMessageの内容を順に見ていきましょう。ModelContentはGoogle
GenerativeAIで定義されているモデルです。roleには、AIの返答をmodel、人間側の
メッセージをuserのようにString型で定義し、messageにそのメッセージ内容を格納し
ます。geminiRepository.request(allMessages: allMessages, sendMessage: message)
のallMessagesにModelContentの配列を入れることによって、AIがこれまでの会話内容
を加味して返答します。メッセージのレスポンスを受け取ると、messageDataSetsの最後
尾に追加し、それをUI側に反映させます。

▶ 2-3-2　入力画面

　英会話アプリは音声と文字のどちらでも会話ができるようにします。音声には、標準
の音声入力が利用でき、文字入力のためのUI（TextField）を用意します。完成UIは以
下の画像です（図2-12）。

120

図2-12 完成後の入力画面

まずは以下のコードでWindowの設定をします。

SwiftUIWindowSampleApp.swift

```swift
@State private var sharedViewModel = SharedViewModel()

WindowGroup(id: "inputWindow") {
    InputWindow()
        .environment(sharedViewModel)
}
.windowStyle(.plain)
.windowResizability(.contentSize)
```

入力をするWindowはInputWindowとします。InputWindowは入力するだけの機能なので、大きなWindowは必要ありません。.windowStyle(.plain)を指定すると、透過されたWindowになります。Windowのサイズを変更させたくない場合は.windowResizability(.contentSize)のように指定すれば、Viewのサイズを固定して可変によるUIの余白をなくすことができます。

第 2 章　SwiftUI による AI 英会話アプリ開発

InputWindow.swift

```swift
struct InputWindow: View {
    @Environment(SharedViewModel.self) private var model
    @Environment(\.dismissWindow) private var dismissWindow
    @State var input = ""

    var body: some View {
        HStack(spacing: 16) {
            Spacer()
                .frame(width: 50)
            // 会話を入力するテキストフィールド
            TextField("会話を入力", text: $input)
                .font(.system(size: 32))
                .textFieldStyle(.plain)
                .multilineTextAlignment(.center)
                .frame(width: 1000, height: 50)
            // 会話を送信するボタン
            Button(action: {
                // 入力されたメッセージの送信
                model.sendMessage(message: input, sender: .user)
                input = ""
            }, label: {
                Image(systemName: "paperplane.fill")
            })
            .frame(width: 50, height: 50)
            .contentShape(.circle)
        }
        .padding(.horizontal, 24)
        .padding(.vertical, 16)
        .glassBackgroundEffect(displayMode: .implicit) // 背景にすりガラス風エフェク ⤸
トを設定する
        .cornerRadius(50)
    }
}
```

　InputWindowを見ていきましょう。InputWindowのbodyはオーソドックスなViewです。
入力用画面（TextField）と送信用ボタン（Button）で構成されています。ボタンのアクショ
ンには前項で作成したsendMessageメソッドを設定しています。入力用画面をタップする
と、自動でキーボードが立ち上がり、左上のマイクボタンを押すことによって音声入力
ができます。また、透過Windowであるため.glassBackgroundEffectを追加しWindow
の背景として使用しています。

122

▶ 2-3-3　会話履歴画面の作成

会話履歴画面は、会話の振り返り、聞き取れなかった部分の確認、翻訳などを操作する画面です。完成したUIを図2-13に示します。

図2-13　完成後の会話履歴画面

会話履歴画面はScriptWindowとして定義しました。以下のコードはScriptWindowの表示設定を行っています。

SwiftUIWindowSampleApp.swift

```
@State private var sharedViewModel = SharedViewModel()

WindowGroup(id: "scriptWindow") {
    ScriptWindow()
        .environment(sharedViewModel)
}
// 縦長表示をデフォルトとして設定する
.defaultSize(width: 500, height: 1000)
```

第2章　SwiftUIによるAI英会話アプリ開発

　まずはWindowの設定です。ScriptWindowは会話履歴のリストを表示するため、縦長のViewのほうが見やすいでしょう。.defaultSizeのモディファイアを利用して、Windowのデフォルトサイズを指定し、最初の表示を縦長にします。

ScriptItemView.swift

```swift
struct ScriptItemView: View {
    private var dataSet: MessageModel
    @Environment(SharedViewModel.self) private var model

    init(dataSet: MessageModel) {
        self.dataSet = dataSet
    }

    var body: some View {
        VStack {
            HStack(spacing: 8) {
                // 発言者のアイコン
                Image(dataSet.sender == .ai ? "gemini" : "user")
                    .resizable()
                    .frame(width: 50, height: 50)
                    .clipShape(Circle())
                // 会話の内容
                Text(dataSet.message)
                    .font(.system(size: 24))
                Spacer()
                // 翻訳ボタン
                Button(action: {
                    model.translate(messageModel: dataSet)
                }, label: {
                    Image(systemName: "textformat")
                })
            }
            // 翻訳された場合の翻訳結果
            if let translateMessage = dataSet.translateMessage {
                HStack {
                    Text(translateMessage)
                        .font(.system(size: 20))
                        .padding()
                    Spacer()
                }
                .padding(.vertical, 4)
```

124

```
            .background(.regularMaterial)
            .cornerRadius(8)
        }
    }
    .padding(.horizontal, 16)
    .padding(.vertical, 8)
    .background(.ultraThickMaterial)
    .cornerRadius(8)
    }
}
```

　リスト表示部分に関しては、基本的なSwiftUIのリスト作成方法なので説明を割愛します。ここではリストに表示するアイテム（item）について見ていきます。会話の各アイテムには、アイコンおよびAIからのメッセージと翻訳ボタンを配置します。このアプリは翻訳機能を持たせるので、返信のテキストと翻訳されたテキストを明確に区別します。モバイルアプリでは、分割線と文字の色、大きさなどで区別することが多いですが、本章の実装では背景のMaterialと文字の大きさで区別し、visionOSらしいUIを用いた表現を施しました。前述した.background(.regularMaterial)と使い分けることで、visionOSらしさを残しながらUIを区別できます。

2-4 会話AI

　AIと会話をする画面は、アニメーションをする3Dモデルと、会話内容を表示します。完成したUIを図2-14に示します。

　まず3Dモデルを用意します。3Dモデルは、第1章で解説した.usdz形式で準備します。.usdz形式のモデルを準備できない場合は、Appleが提供しているReality Converterというアプリを使って、.obj、.gltf、.usdといった一般的な3Dファイル形式をドラッグ＆ドロップするだけで、.usdz形式に変換できます（図2-15）。3Dモデルのプレビューやテクスチャの編集もできます。

図 2-14　完成後の会話相手の画面

図 2-15　Reality Converter

アバターを表示するWindowはAvatarWindowとして定義しました。以下のコードは
AvatarWindowの表示設定を行っています。

SwiftUIWindowSampleApp.swift

```
@State private var sharedViewModel = SharedViewModel()

WindowGroup(id: "avatarWindow") {
    AvatarWindow()
    .environment(sharedViewModel)
}
// defaultSizeの指定
.defaultSize(width: 2500, height: 2500, depth: 1000)
// .volumetricを指定してVolumeWindowに設定
.windowStyle(.volumetric)
```

この実装ではVolumeを表示したいためwindowStyleを.volumetricと指定しています。
defaultSizeを指定することで、Volumeを表示する空間のサイズを指定できます。モデ
ルの大きさによっては空間のサイズがモデルより小さくなってしまい、収まらない場合
があるので適宜調節が必要となります。Volumeについては第4章の解説も参考にしてく
ださい。

AvatarWindow.swift

```
struct AvatarWindow: View {
    @Environment(SharedViewModel.self) private var model
    // アニメーションの状態を持つBool値
    @State private var animate = false
    // アバターのEntityを保持
    @State private var avatar: Entity? = nil

    var body: some View {
        ZStack {
            RealityView { content in
                // アバターの読み込み
                avatar = try? await Entity(named: "talking_women")
                if let avatar {
                    // アバターの位置を調整
                    avatar.position = [0, -0.9, 0]
                    content.add(avatar)
```

```
                }
            }
            VStack {
                // 相手の発言内容を表示するText
                Text(model.latestAIMessage)
                    .font(.system(size: 48))
                    .lineLimit(2)
                    .frame(width: 700)
                    .padding()
                    .glassBackgroundEffect()
                Spacer()
            }
        }
        // 発言内容が変更されたことを監視する
        .onChange(of: model.latestAIMessage) { _, _ in
            // 3Dモデルとアニメーションが存在することを確認
            guard let avatar,
                let animation = avatar.availableAnimations.first?.repeat(count: 2) ⏎
else { return }
            // アニメーションを再生
            avatar.playAnimation(animation)
        }
    }
}
```

　最初にRealityViewのcontentに対して、アバターである3Dモデルを配置しています。
avatar = try? await Entity(named: "talking_women")の部分でtalking_womenという
名前の.usdz形式の3Dモデルを読み込みます。読み込みが完了したらavatar.position
で3Dモデルの位置を調整し、content.add(avatar)でRealityViewのcontentに対して
アバターである3Dモデルを配置します。

　次に相手の発言内容を表示するViewを作成します。発言はアバターの上部に表示した
いので、ZStackを利用してRealityViewと発言内容を表示しているTextを重ねて表示し
ます。このままではアバターの体の前にTextが重なって表示されてしまうため、VStack
で囲み、最後にSpacer()を追加することでアバターの上部に表示できます（図2-16）。

　ZStackを使用せず、VStackを用いてRealityViewとTextを縦並びに表示することも可
能です。しかしこの場合、図2-17に示すように、Volume空間のユーザーから見て後ろ
側に表示されます。見る位置によってはアバターと重なって見づらくなるため、ZStack
を用いた実装にしています。

図2-16 アバターの上部に発言内容を表示

図2-17 アバターの奥に発言内容が表示されている状態

　アニメーション可能な3Dモデルを用意している場合は、availableAnimationsから3Dモデルに付随するアニメーションのリストを取得できます。利用している3Dモデルには、1つのアニメーションが設定されておりavailableAnimations.firstで最初のアニ

メーションを取得しています。.repeat(count: 2)で、1回の再生でアニメーションをリピートする回数を指定できます。.onChange(of: model.latestAIMessage)で、model.latestAIMessageに格納されているメッセージの変更を検知して、アニメーションを再生しています。

2-5　Multi Window対応

前節までの実装で、基本的なWindowアプリを作成できました。ここまでにも解説した通りvisionOSではmacOSと同様にWindowの概念があり、もちろんマルチウィンドウ（Multi Window）にも対応しています。Windowを複数表示することでアプリの操作性が向上し、表現の幅が広がります。本節では、会話の入力画面、スクリプト、会話相手の表示という3つのWindowで構成されるアプリを構築します。完成したアプリを図2-18に示します。

図2-18　完成後のMulti Windowの様子

2-5-1　Windowを複数配置する

以下に示すコードでMulti Windowの実装について紹介します。

SwiftUIWindowSampleApp.swift

```swift
@main
struct SwiftUIWindowSampleApp: App {
    @State private var sharedViewModel = SharedViewModel()

    var body: some Scene {
        // アプリ起動時は一番上に設定されているWindowが起動する
        WindowGroup {
            MainWindow()
                .environment(sharedViewModel)
        }
        // 入力画面のWindowをinputWindowとして設定
        WindowGroup(id: "inputWindow") { // WindowGroupのidを設定
            InputWindow()
                .environment(sharedViewModel)
        }
        .windowStyle(.plain)
        .windowResizability(.contentSize)

        // 会話履歴をscriptWindowとして設定
        WindowGroup(id: "scriptWindow") { // WindowGroupのidを設定
            ScriptWindow()
                .environment(sharedViewModel)
        }
        .defaultSize(width: 500, height: 1000)

        // 会話相手画面のWindowをavatarWindowとして設定
        WindowGroup(id: "avatarWindow") { // WindowGroupのidを設定
            AvatarWindow()
                .environment(sharedViewModel)
        }
        .defaultSize(width: 2500, height: 2500, depth: 1000)
        .windowStyle(.volumetric)
    }
}
```

第 2 章　SwiftUI による AI 英会話アプリ開発

　複数の Window を表示するだけであれば簡単に実装できます。Scene の部分で
WindowGroup を複数用意し、id を付与することで、後述する Window の表示/非表示を制
御します。アプリ起動時に、Home 画面のようなメインの機能を持つ Window を表示す
るために一番上に指定します。

　次のコードは MainWindow で他の Window を呼び出すコードです。

MainWindow.swift

```swift
struct MainWindow: View {
    @Environment(SharedViewModel.self) private var model
    @Environment(\.openWindow) private var openWindow // Windowを開くための環境変数
    @Environment(\.dismissWindow) private var dismissWindow // Windowを閉じるための ⏎
環境変数

    var body: some View {
        NavigationSplitView {
            // ...省略...
        } detail: {
            switch selectedPage {
            case .home:
                NavigationStack(path: $path) {
                    HomePageView() { dataSet in
                        path.append(HomeScreen.programDetail(dataSet))
                    }
                    .environment(model)
                    .navigationDestination(for: HomeScreen.self) { screen in
                        switch screen {
                        case .programDetail(let dataSet):
                            ProgramDetailPageView(dataSet: dataSet) {
                                if !model.isShowingProgramWindow {
                                    // idを指定してWindowを開く
                                    openWindow(id: "inputWindow")
                                    openWindow(id: "scriptWindow")
                                    openWindow(id: "avatarWindow")
                                }
                            }
                            .environment(model)
                        }
                    }
            }

        // ...省略...
```

MainWindowから他のWindowを起動する手順を確認します。まず、MainWindowに@Environment(\.openWindow) private var openWindowと@Environment(\.dismissWindow) private var dismissWindowを追加します。@Environmentは、複数のViewの階層間でデータを共有するための強力なツールです。従来のデータを渡す方法と比べて、コードを簡潔にし、可読性や保守性を向上させることができます。openWindowは新しいWindowを開くための環境変数、dismissWindowはWindowを閉じるために用いる環境変数です。これらを利用してopenWindow(id: "inputWindow")のように記述すると、idの一致するWindowGroupが表示されます。必要に応じてdismissWindowでWindowを閉じることが可能です。

▶ 2-5-2 Windowの表示/非表示を制御

このような実装では、Windowのボタンを押すことで英会話を始める画面を表示できますが、単純にopenWindowを利用すると、同じWindowを複数表示できてしまいます。そこで、inputWindowや他のWindowが表示された際に、同じWindowが表示されているかどうかの状態を持つBool値（isShowingProgramWindow）を用意し、この値がfalseの場合のみ表示できるようにします。各Windowに記述されている.onAppearでViewの表示を検知したらisShowingProgramWindowをtrueにし、.onDisappearでViewが破棄されたことを検知したらisShowingProgramWindowをfalseにする処理を加えています。これにより同じWindowは複数表示されません。

また、Windowはユーザーの任意のタイミングで閉じることができます。"Windowが閉じられる"ということは、英会話中に表示しているWindowの3つのうち、例えばinputWindowなどが閉じられた場合は、会話相手のWindowや会話履歴のWindowが表示されているのにもかかわらず入力ができなくなるということです。また、ユーザーが英会話を終了したいのに毎回3つのWindowを閉じるのは面倒です。そこで以下のコードのように、関連するWindowが閉じられた際に、他のWindowも閉じるような処理を追加します。考え方は単純で、先ほどの@Environment(\.dismissWindow) private var dismissWindowを各Window内に追加し、.onDisappearで任意のWindowを閉じるようにします。

第2章　SwiftUI による AI 英会話アプリ開発

ScriptWindow.swift

```
.onDisappear {
    // 英会話時に利用しているWindowが表示されているかの状態を変更
    model.isShowingProgramWindow = false
    // 同時に利用しているWindowを閉じる
    dismissWindow(id: "inputWindow")
    dismissWindow(id: "avatarWindow")
}
```

　このコードのように制御すると、関連するいずれかのWindowが閉じられた際に複数のWindowを同時に閉じることができます。関連するWindowの制御が単純なので、このようなコードにしましたが、より複雑な制御については解説を省略します。

2-6　本章のまとめ

　本章では、SwiftUIを用いた基本的なWindowで構成するアプリ開発について紹介しました。SwiftUIによって、新しいOSであるvisionOSによるアプリ開発が簡単にできたと思います。visionOSを用いれば、「本書について」で前述した3つのアプリを開発できますが、そのいずれもWindowアプリの開発プロセスが基本となるため、本章で解説したアプリを一度作成できれば、様々な応用につながると思います。みなさんもぜひSwiftUIを利用したアプリを開発してみてください。

第3章 空間を活用したタイマーアプリ開発

服部 智

図3-1 トップ画面

　この章ではRealityKit、ARKit、SwiftUIを用いて、Apple Vision Proならではの"空間"を利用したタイマーアプリの実装方法について解説します（図3-1）。visionOSで空間に情報を表示することによって、我々の生活に新しい価値を与えることができます。キッチンでは鍋で煮込んでいる時間を計測するタイマー、作業デスクではポモドーロ用に25分のタイマー、室内でストレッチするときには目の前に残り時間を表示するタイマー。それぞれの場所における作業と紐付くタイマーができたら利便性が高そうですよね。

　「本書について」で説明したように、visionOSではWindowとVolume、Spaceの3つの表示スタイルでコンテンツを配置できます。SpaceではImmersiveSpaceの構造体を

表示します。ImmersiveSpaceでは、境界のない領域が表現され、アプリ側でコンテンツのサイズと配置を制御します。

　また、ImmersiveSpaceは他のアプリの表示と混在するShared spaceではなく、単一のアプリの表示のみを行う**Full space**で動作します。Full spaceではARKitを利用でき、これにより周囲の情報を取得して空間にコンテンツの表示を固定できます。

　本章では、空間タイマーアプリを作成しながら、ImmersiveSpaceでのオブジェクト配置とその操作の実装を中心に解説していきます。

　3-6節のWorldAnchorを使用した空間への位置固定は、シミュレーターでは動作せず、実機でのみ動作します。以下のURLにソースコードをアップしているので、適宜参照してください。

> https://github.com/ghmagazine/AppleVisionPro_app_book_2024

3-1　My Spatial Timer

　本章では、空間にタイマーを配置するアプリ"My Spatial Timer"の開発を通じて解説していきます。このアプリは起動するとメイン画面が表示され、タイマー全削除、Immersive Spaceへの移行といった操作が行えます（図3-2）。Immersive Spaceでは、目の前に配置用マーカーが表示され、タップするとタイマーが空間に現れます（図3-3）。

図3-2　メインメニュー

図3-3 マーカー表示

　タイマーは分と秒で時間を指定し、左右のボタンで開始、一時停止、停止を行います（図3-4）。時間がゼロになるとサウンドを再生し、アプリケーション上でローカル通知を発します。下部のボタンでローカル通知の有無を切り替え可能です。削除ボタンでタイマーを削除します。

図3-4 タイマー正面

このアプリの開発では、以下のような実装を行います。

- マーカー表示と自分の位置を参照したリアルタイム移動
- タップ操作によるタイマーの追加
- アタッチメントによるSwiftUIのView配置
- タイマーの画面デザインと機能
- UserDefaultsによるデータ永続化
- WorldAnchorを使用した空間への位置固定
- ローカル通知の送信と受信
- ScenePhaseでのアプリ状態制御

個別の実装を解説する前に、フォルダ構成とファイルの概要、および、RealityViewの構造について説明します。

▶ 3-1-1 フォルダ構成とファイルの概要

以下に本プロジェクトのフォルダ構成と各ファイルの概要を示します。

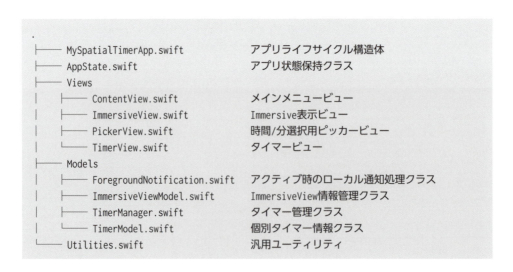

画面をまたぐようなアプリ全体の状態を保持する役割をAppState.swiftに持たせています。Viewsフォルダには表示ビューのファイルを、Modelsフォルダにはデータ保持とロジックを持つファイルをまとめています。

▶ 3-1-2 RealityViewの構造

以下に示すのは、RealityViewの基本的な構造です。

RealityViewの基本的な構造

```
RealityView { content, attachments in
    // makeクロージャ
} update: { update, attachments in
    // updateクロージャ
} attachments: {
    // attachmentビュービルダ
}
```

View内容を生成するmakeクロージャ、表示更新を行うupdateクロージャ、SwiftUIのViewを表示するために使用するattachmentビュービルダがあることを把握しておいてください。

3-2 マーカー表示と自己位置の追従

本節では、タイマーアプリの実装について説明していきます。

▶ 3-2-1 なぜ目の前にマーカーを表示するのか

My Spatial Timerでは、自身の前方50cmの場所に青い半透明のマーカーを表示し、それをタップすることでタイマーを配置します。

このようなインターフェースにした理由は、RealityViewのタップ操作の挙動は何かしら対象物がないとタップ処理が発火しないためです。

Apple Vision Proは周囲の情報を自動認識し、常時メッシュ生成を続けます。屋内の狭い空間では、周囲の壁を認識してメッシュ生成するので、タップ処理を発火させる対象物が存在します。一方、屋外や広い体育館のようなスペースでは周囲の壁を認識できず、自身の周りにメッシュが存在しない状態となります（図3-5）。したがって、タップ操作を行っても処理が発火することはありません。

図3-5　メッシュが手前には存在するが正面遠方にはない状態

　これに対応するため、本アプリでは目の前にマーカーを表示し、それをタップする方式を採用しました。マーカーは自身の端末の位置と視点の向きを自動的に追従し、タップされるとその位置にタイマーを配置します。このマーカーは配置時のみ表示し、配置後は非表示にできます。直感的でシンプルな配置操作だといえます（図3-6）。

図3-6　マーカー表示

自身の視界上を自動的に追従する表示物のあり方や制限は、議論の余地がある点だと考えています。本アプリでは、ごく限られた範囲に半透明の状態のものを表示し、表示を切り替える機能を持たせ、ユーザーの視界を塞ぐことがないようにしています。

この方法がベストプラクティスであると推奨しているわけではありません。ユーザーが直感的に操作でき、多様な広さの空間に対応できる方法の1つと考えたため採用しました。

以降、配置用マーカーとなるエンティティを生成して表示し、端末の動きに追従する実装を説明していきます。

▶ 3-2-2 配置用マーカーの表示

まずは目の前に半透明の円盤を表示します。以下はその生成と追加のためのコードです。

ImmersiveViewModel.swift

```swift
func addMarker() {
    // タップ対象となる半透明の円盤を生成
    let entity = ModelEntity(
        mesh: .generateCylinder(height: 0.01, radius: 0.06),
        materials: [SimpleMaterial(color: .init(red: 0, green: 0, blue: 1, alpha: ⤶
0.5), isMetallic: false)]
    )

    // タップ操作が反応するようInputTargetComponentとCollisionを設定
    entity.components.set(InputTargetComponent())
    entity.generateCollisionShapes(recursive: true)

    // 円盤が90°こちらに向いた状態にするためクォータニオンで回転を指定
    let rotationQuaternionX = simd_quatf(angle: .pi / 2, axis: SIMD3<Float>(1, 0, 0))
    entity.orientation *= rotationQuaternionX

    // 配置場所となるエンティティに追加
    placementLocation.addChild(entity)
}
```

半径6cm、厚さ1cmの円盤の形状のModelEntityを生成しています。色にはSimpleMaterialで半透明の青を設定します。

タップ操作の対象とするためにInputTargetComponentを設定し、generateCollisionShapesによりコリジョンを設定します。

自分の手前方向に90°回転した状態で表示したいため、simd_quatfでangleに.pi / 2、

axisに(1, 0, 0)を指定してX軸方向に回転させます。

この円盤表示を担当するエンティティは、配置場所を保持する親エンティティに追加しておきます。これで配置用マーカーの追加が完了しました（図3-7）。

図3-7　シミュレーターでのマーカー表示

▶ 3-2-3　マーカーの位置と向き指定

タイマーを置きたい場所に配置するために、マーカーをApple Vision Pro本体の動きに合わせてリアルタイムで動かします。

端末の位置と向きを取得するにはARKitを使用します。以下はそのためのコードです。

ImmersiveViewModel.swift

```swift
private let arkitSession = ARKitSession()
private let worldTracking = WorldTrackingProvider()

@MainActor
func runARKitSession() async {
    do {
        // WorldTrackingProviderを指定しARKitのセッションを開始
        try await arkitSession.run([worldTracking])
    } catch {
        return
    }
}
```

ARKitSessionをrunで開始する際に、データプロバイダーを指定します。データプロバイダーとは個々のARKit機能を表し、取得したいデータの更新を監視できるようになります。端末の位置と向きを取得するにはWorldTrackingProviderを設定します。

これで、ARKitのセッションが開始できます。

参考までに、visionOS 1.1時点で使用可能なデータプロバイダーを表3-1に示します。これらは複数指定可能です。それぞれの詳しい情報は、公式ドキュメントを参照してください。

表3-1　Providerの種類と取得データ

名称	取得データ	URL
HandTrackingProvider	手の位置と関節	https://developer.apple.com/documentation/arkit/handtrackingprovider
ImageTrackingProvider	2D画像位置	https://developer.apple.com/documentation/arkit/imagetrackingprovider
SceneReconstructionProvider	周囲の形状	https://developer.apple.com/documentation/arkit/scenereconstructionprovider
PlaneDetectionProvider	周囲の平面	https://developer.apple.com/documentation/arkit/planedetectionprovider
WorldTrackingProvider	端末の位置、回転情報	https://developer.apple.com/documentation/arkit/worldtrackingprovider

本アプリで使用するのはWorldTrackingProviderのみです。端末の位置情報を取得するにはqueryDeviceAnchor関数を用います。

引数のatTimestampにはCACurrentMediaTime()で現在時刻を指定しています。ここで未来の時刻を渡して動きを予測した結果を返すことも可能ですが、負荷が高くなることもあります。詳しくは公式ドキュメントを参照してください。

- **queryDeviceAnchor(atTimestamp:)**

  https://developer.apple.com/documentation/arkit/worldtrackingprovider/4293525-querydeviceanchor

第3章　空間を活用したタイマーアプリ開発

　　取得した端末の位置と向きをもとに、タイマー配置用マーカーの位置と向きを更新します。
以下はそのコードです。

ImmersiveViewModel.swift

```swift
@MainActor
private func queryAndProcessLatestDeviceAnchor() async {
    // WorldTrackingが有効な場合のみ処理継続
    guard worldTracking.state == .running else { return }

    // タイマー配置用マーカー表示時のみ、配置場所エンティティを有効にしている
    placementLocation.isEnabled = appState?.isAppendMode ?? false

    // ① 端末の位置と向きを取得
    let deviceAnchor = worldTracking.queryDeviceAnchor(atTimestamp: ⏎
CACurrentMediaTime())

    guard let deviceAnchor, deviceAnchor.isTracked else { return }

    // ② 端末が向いている方向の前方50cmの位置を取得
    let matrix = deviceAnchor.originFromAnchorTransform
    let forward = simd_float3(0, 0, -1)
    let cameraForward = simd_act(matrix.rotation, forward)

    let front = SIMD3<Float>(x: cameraForward.x, y: cameraForward.y, z: cameraForward.z)
    let length: Float = 0.5
    let offset = length * simd_normalize(front)

    // ③ 配置場所エンティティに位置と回転情報を反映
    placementLocation.position = matrix.position + offset
    placementLocation.orientation = matrix.rotation
}
```

　　この実装の中身を、順に説明していきます。
　　①の部分では、端末の位置と向きをWolrdTrackingProviderクラスのqueryDeviceAnchor
関数で取得しています。
　　②の部分では、端末が向いている視点の前方方向を算出しています。まずDevice
Anchor構造体のoriginFromAnchorTransform関数で、位置と回転情報を持つ行列を取得
しています。

144

simd_float3のデータ型でZ軸に−1を指定することで前方方向を定義し、simd_act関数で行列の回転情報と計算することで端末の視点の前方方向の値を取得します。そしてlength（0.5）とsimd_normalize関数の計算結果を掛け合わせることで、端末が向いている方向の前方50cmの位置を取得するのです。

③の部分で、マーカーの最終的な位置と回転情報を設定しています。行列の位置情報と②で算出した値から位置を計算して位置情報保持用エンティティに設定し、回転情報も行列から反映します。

これでマーカーの位置を指定できました。

この位置指定をリアルタイムで行うにはどうしたらよいでしょうか。

▶ 3-2-4　マーカーのリアルタイムでの位置更新

高速で繰り返し処理を行う機構を作成し、それを用いて位置を更新し続ければ、リアルタイムでの位置指定ができるようになります。以下はそのコードです。

ImmersiveViewModel.swift

```swift
@MainActor
func run(function: () async -> Void, withFrequency hz: UInt64) async {
    while true {
        if Task.isCancelled {
            return
        }

        // 処理呼び出し前に 1秒/周波数 スリープする
        let nanoSecondsToSleep: UInt64 = NSEC_PER_SEC / hz
        do {
            try await Task.sleep(nanoseconds: nanoSecondsToSleep)
        } catch {
            // タスクがキャンセルされた場合、スリープは失敗する。その場合ループを抜ける
            return
        }

        // 処理を実行
        await function()
    }
}
```

キャンセルするまで無限ループで連続処理を行います。

第3章　空間を活用したタイマーアプリ開発

　この関数の引数に別の関数を指定すると、1秒間に指定した周期で指定した関数を繰り返し呼ぶことができます。

　実際に呼び出すコードは以下です。

ImmersiveViewModel.swift

```
@MainActor
func processDeviceAnchorUpdates() async {
    // 指定関数を1秒間に90回呼び出し
    await run(function: self.queryAndProcessLatestDeviceAnchor, withFrequency: 90)
}

@MainActor
private func queryAndProcessLatestDeviceAnchor() async {
    // ...省略...
}
```

　processDeviceAnchorUpdatesでrunを呼び出しています。なお引数のwithFrequencyで呼び出し頻度を指定しています。

　Apple Vision Proは基本的に90Hzで画面描画を更新しています。ここではリアルタイムに処理したいので90を指定しました。なお、端末性能では 90、96、120Hzのサポートをしています。詳しくは以下の公式ドキュメントを参照してください。

- **Apple Vision Pro - Technical Specifications**
  https://www.apple.com/apple-vision-pro/specs/
- **Meet RealityKit Trace**
  https://developer.apple.com/videos/play/wwdc2023/10099/

　queryAndProcessLatestDeviceAnchorを実行処理に指定することで、リアルタイムにマーカー位置を更新する機構を作成できました。

　RealityView側からの呼び出しは以下です。

ImmersiveView.swift

```
RealityView { content, attachments in
    // makeクロージャ:
    // 初期情報設定
```

```
    content.add(
        immersiveViewModel.setup(appState: appState, timerManager: timerManager)
    )
    // マーカー追加
    immersiveViewModel.addMarker()

    // ARKitセッション開始処理呼び出し
    Task {
        await immersiveViewModel.runARKitSession()
    }
    // ...省略...
}
.task {
    // 端末位置情報取得を開始
    await viewModel.processDeviceAnchorUpdates()
}
// ...省略...
```

このコードでは、makeクロージャで必要なエンティティを追加した後にrunARKitSessionを呼び出し、端末の位置取得のためのセッションを開始しています。続いてprocessDeviceAnchorUpdatesを呼び出すことでリアルタイム位置更新が処理されます。

これを動作させると、無事に端末の向きに追従してマーカーが表示されるようになります（図3-8）。

図3-8 マーカーが追従する様子

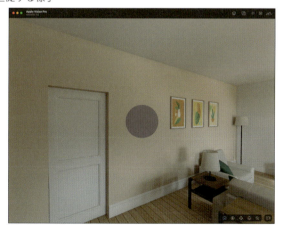

次に、タップした際の処理について説明していきます。

第3章　空間を活用したタイマーアプリ開発

3-3　タップ操作によるタイマーの追加

本アプリは、配置用マーカーをタップすると空間にタイマーが置かれます。
処理の流れは以下です。

1 配置用マーカーをタップした際にRealityViewにてタップ処理を検知

2 TimerModel（タイマー個別の情報を持つ構造体）を生成し、TimerManager（タイマー
管理クラス）に追加

3 個別のタイマー位置を保持するエンティティを生成し、ルートエンティティに追加

タップ時の処理から説明していきます。

▶ 3-3-1　配置用マーカーのタップ時の処理

タップ時の処理を制御するにはRealityViewの.gestureに処理を追加します。以下が
そのコードです。

ImmersiveView.swift

```
RealityView { content, attachments in
    // ...省略...
}
// ...省略...
.gesture(SpatialTapGesture()
    .targetedToAnyEntity()
    .onEnded { _ in
        // タップ時に位置保持用エンティティを追加
        immersiveViewModel.addPlaceHolder()
    })
// ...省略...
```

タップ操作を処理するため、SpatialTapGestureを設定しています。これによりタッ
プ対象を限定したり、タップ回数を指定したりといった細かい制御が可能です。より詳
しい使い方は公式ドキュメントを参照してください。

● **SpatialTapGesture**
https://developer.apple.com/documentation/swiftui/spatialtapgesture

図3-9 マーカーをタップしタイマー配置

マーカーをタップしたタイミングで、タイマーの個別の情報を持つTimerModelのインスタンスを生成し、TimerManagerで管理している配列に追加します。TimerManagerはタイマーの追加、削除、再生、停止など、すべての処理を管理するクラスです。詳しい実装は3-4-2項で説明します。

以下がタップ時に実行されるコードです。

ImmersiveViewModel.swift

```swift
func addPlaceHolder() {
    // タイマー個別の情報を持つ構造体を生成
    let timerModel = timerManager.makeTimerModel()

    // タイマー管理クラスに追加
    timerManager.addTimerModel(timerModel: timerModel)

    // 位置保持用エンティティの追加
    addPlaceHolder(timerModel: timerModel, attachToWorldAnchor: true)
}
```

addPlaceHolder関数で位置保持用のエンティティを生成しています。この関数のコードを以下に示します。

第3章　空間を活用したタイマーアプリ開発

ImmersiveViewModel.swift

```swift
func addPlaceHolder(timerModel: TimerModel, attachToWorldAnchor: Bool) {
    let entity = Entity()
    entity.name = timerModel.id.uuidString
    entity.transform = placementLocation.transform

    // ルートのエンティティに追加
    rootEntity.addChild(entity)

    // WorldAnchorと紐付けする場合
    if attachToWorldAnchor {
        // WorldAnchorと位置保持用エンティティを紐付け
        Task {
            await attachObjectToWorldAnchor(entity)
        }
    }
}
```

　タイマーを空間に追加するにあたり、空間の中での位置を保持するためのエンティティを作成します。タイマーの盤面はSwiftUIでアタッチメントとして表示するので、このエンティティは目に見える必要がありません。そのため見た目のないエンティティを生成しています。WorldAnchorとの紐付けに関しては3-6節で説明します。

▶ 3-3-2　アタッチメントでのタイマーの SwiftUI View表示

　SwiftUIで記述したViewを表示するにはRealityViewのAttachmentで設定します。アタッチメントとは、RealityViewに付随して表示されるビューです。
　以下がアタッチメントを設定しているコードです。

ImmersiveView.swift

```swift
RealityView { content, attachments in
    // ...省略...
} update: { update, attachments in
    // ...省略...
} attachments: {
    ForEach(timerManager.timerModels) { timerModel in
        Attachment(id: timerModel.id) {
```

```
            TimerView(immersiveViewModel: immersiveViewModel, timerManager: ↗
timerManager, timerModel: timerModel)
        }
    }
}
```

attachmentビュービルダでAttachmentを定義します。TimerModel配列の要素分だけAttachmentを設定しています。コンテンツはTimerViewです。AttachmentのIDにTimerModelのIDを設定しています。これによりupdateクロージャでTimerModelと紐付けられます。

updateクロージャを見てみましょう。以下がそのコードです。

ImmersiveView.swift

```
RealityView { content, attachments in
    // ...省略...
} update: { update, attachments in
    for timerModel in timerManager.timerModels {
        if let attachment = attachments.entity(for: timerModel.id),
           let uuidString = timerModel.id.uuidString,
           let placeHolder = immersiveViewModel.getTargetEntity(name: uuidString) {

            if !placeHolder.children.contains(attachment) {
                placeHolder.addChild(attachment)
            }
        }
    }
} attachments: {
    // ...省略...
}
```

位置保持用エンティティに対してアタッチメントを追加しています。ここで空間の位置とタイマーのSwiftUIのViewを関連付けているわけです。

TimerManagerで保持しているTimerModelのIDでupdateクロージャの引数のattachmentsと照合します。合致したIDがあったらエンティティへアタッチメントを追加します。

一連の記述により、マーカーの表示とリアルタイムな位置の更新、タップ時のタイマー生成、そして空間上へのTimerViewの配置が実装できました（図3-10）。

図 3-10 タイマーが配置された様子

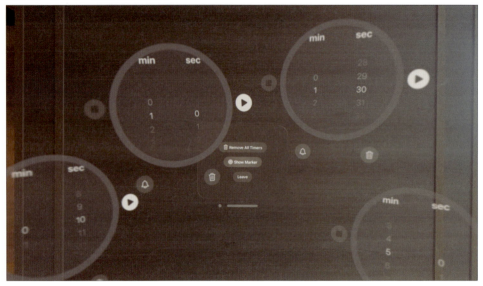

3-4 タイマーの画面デザインと機能

タイマーの機能の実装をいくつか見てみましょう。

▶ 3-4-1 View、画面デザイン

タイマー画面のデザインはSwiftUIで構築しています。タイマー下地、外周の円形時間ゲージ下地、外周の円形時間ゲージ進行部分、時間指定ピッカービュー、開始／一時停止ボタン、リセットボタン、ローカル通知有無切り替えボタン、削除ボタンを持ちます。

時間の進行を表す外周の円形ゲージ部分をピックアップして解説します。以下がタイマーの円形ゲージ部分のコード抜粋です。

TimerView.swift

```
// ...省略...
ZStack {
    // 下地
    Circle()
        .opacity(0.15)
        .foregroundColor(.gray)
```

```
        // 円形ゲージの下地
        Circle()
            .scale(1.05)
            .stroke(style: StrokeStyle(lineWidth: 16, lineCap: .round, lineJoin: .round))
            .opacity(0.5)
            .foregroundColor(.gray)

        // 円形ゲージの進行状態の青い表示
        Circle()
            .scale(1.05)
            .trim(from: 0.0, to: min(timerModel.progress, 1.0))
            .stroke(style: StrokeStyle(lineWidth: 16, lineCap: .round, lineJoin: .round))
            .opacity(timerModel.state == .running || timerModel.state == .paused ? 0.8 : ↲
0.0)
            .foregroundColor(.blue)
            .rotationEffect(Angle(degrees: 270.0))
    }
// ...省略...
```

図3-11 タイマー 円形ゲージ

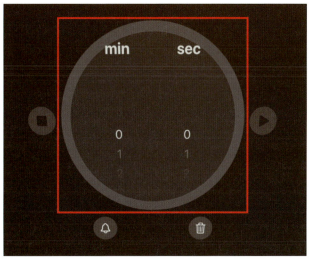

　背景を表示し、その上に270°回転させたゲージを表示しています。trimにより、時間経過に伴った表示進行をアニメーション表示しています。

第3章　空間を活用したタイマーアプリ開発

　　進行ゲージの下部には、通知有無切り替えボタンと削除ボタンを表示しています。以
下がその部分のコード抜粋です。

TimerView.swift

```swift
// ...省略...
HStack(spacing: 24) {
    Spacer()

    // 通知有無切り替えボタン
    Button {
        timerModel.isNotificationOn.toggle()
    } label: {
        Image(systemName: timerModel.isNotificationOn ? "bell" : "bell.slash")
    }
    .frame(width: 20, height: 20)
    .opacity(timerModel.state == .running ? 0 : 1)

    Spacer(minLength: 8)

    // 削除ボタン
    Button {
        immersiveViewModel.removePlaceHolder(timerModelID: timerModel.id)
    } label: {
        Image(systemName: "trash")
    }
    .frame(width: 20, height: 20)
    .opacity(timerModel.state == .running ? 0 : 1)

    Spacer()
}
.padding(.bottom)
// ...省略...
```

　　このコードでは2つのボタンの表示設定と処理呼び出しを実装しています。

154

図3-12 タイマー 下部ボタン

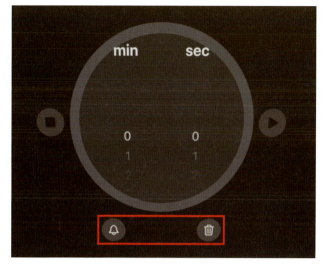

▶ 3-4-2 タイマー構造体の作成

タイマーの基本的な情報を持つ構造体を作成します。

Codableプロトコルに準拠し、json形式に変換可能な構造体として定義します。

残り時間に加えて、タイマーの状態、空間での位置、アラーム設定を持ち、時間表記を変更する処理も実装しておきます。また後述するWorldAnchorと紐付けるためのIDを保持しています。

以下がそのコードです。主要な部分のみ記載しています。

TimerModel.swift

```swift
@Observable
class TimerModel: Identifiable, Equatable, Codable, Hashable {
    
    var id: UUID = UUID()
    var state: TimerState = .stopped
    var worldAnchorID: UUID?
    
    var hourSelection: Int = 0
    var minSelection: Int = 0
    var secSelection: Int = 0
    var duration: Double = 0
```

第3章　空間を活用したタイマーアプリ開発

```swift
    var maxValue: Double = 0

    var isNotificationOn: Bool = true

    // ...省略...

    func displayTimer() -> String {
        let hr = Int(duration) / 3600
        let min = Int(duration) % 3600 / 60
        let sec = Int(duration) % 3600 % 60

        switch displayedTimeFormat {
        case .hr:
            return String(format: "%02d:%02d:%02d", hr, min, sec)
        case .min:
            return String(format: "%02d:%02d", min, sec)
        case .sec:
            return String(format: "%02d:%02d", min, sec)
        }
    }
}
```

　このコードのdisplayTimer関数では、タイマー表示のフォーマット指定も行っています。

▶ 3-4-3　タイマー管理機能

　TimerManagerクラスを作成します。TimerModelの配列をここで保持し制御します。タイマーの追加と削除、再生、停止などすべての処理を管理しています。

　以下がそのコードです。宣言部分のみ抜粋しました。

TimerManager.swift

```swift
@Observable
class TimerManager {

    var timerModels: [TimerModel] = []
    private var timers: [String: Timer] = [:]

    func getTargetTimerModel(id: UUID) -> TimerModel?
    func getTargetTimerModel(worldAnchorID: UUID) -> TimerModel?
```

```swift
    func clearAllData()
    func clearData(id: UUID)
    func loadTimerModels()
    func makeTimerModel() -> TimerModel
    func saveTimerModels()
    func addTimerModel(timerModel: TimerModel, isSave: Bool = true)
    func updateTimerModel(timerModel: TimerModel)
    func removeTimerModel(timerModel: TimerModel, isSave: Bool = true)

    // MARK: Playing

    func playTimer(timerModel: TimerModel)
    func pauseTimer(timerModel: TimerModel)
    func cancelTimer(timerModel: TimerModel)

    // MARK: - Private

    private func playSound(soundId: SystemSoundID)
    private func sendNotificationRequest(id: UUID, title: String, second: ⬅
TimeInterval, body: String = "")
    private func cancelNotification(id: UUID)
}
```

このクラスの一部を説明します。playTimer 関数で行っているタイマーの再生処理を見てみましょう。

以下、TimerManager クラスのコード抜粋です。

TimerManager.swift

```swift
func playTimer(timerModel: TimerModel) {
    guard !timers.keys.contains(timerModel.id.uuidString) else { return }

    // ローカル通知送信する場合、通知リクエスト
    if timerModel.isNotificationOn {
        sendNotificationRequest(id: timerModel.id, title: "Notification", second: ⬅
timerModel.duration)
    }

    // 1/60秒間隔でタイマー情報更新
    let step = 1.0 / 60.0
    let timer = Timer.scheduledTimer(withTimeInterval: step, repeats: true, block: { ⬅
_ in
```

第3章　空間を活用したタイマーアプリ開発

```
        guard timerModel.state == .running else { return }

        if (timerModel.duration > 0) {
            timerModel.duration -= step
        } else {
            // タイマーがゼロになった場合

            // 状態を .stopped に更新
            timerModel.state = .stopped

            // タイマーを削除
            self.timers[timerModel.id.uuidString]?.invalidate()
            self.timers.removeValue(forKey: timerModel.id.uuidString)

            // アラーム音再生
            self.playSound(soundId: timerModel.soundID)
        }
    })

    // id値をキーにしてTimerを保持
    timers[timerModel.id.uuidString] = timer
}
```

　Timer.scheduledTimer を呼び出し、後でキャンセルできるようにインスタンスを保持
しています。ここでは更新サイクルに1/60秒を指定してカウントダウンを進めています。
タイマーの時間がきたら更新を停止し、サウンド再生します。

　この他にも TimerManager クラスではタイマー管理に必要な機能を実装しています。

3-5　UserDefaultsによるデータ永続化

　アプリを終了すると配置したタイマーの情報は消えてしまいます。アプリを閉じても
情報を残すために、データ永続化機能を追加します。これには **UserDefaults** を使って
端末内へのデータ保存と読み込みを行います。

　UserDefaultsはアプリごとに用意されたキーバリュー型の簡易的なデータベースです。
プログラムからデータ操作を行うインターフェースが用意されており、複雑な実装をせ
ずにデータ永続化が実現できます。

　本アプリでは TimerModel の配列を json データに変換し、UserDefaults で保存および読
み込みを行います。

TimerManagerクラスに関連機能を持たせました。以下はjsonのEncoder、Decoder、保存用キー値を定義しているコードです。

TimerManager.swift

```swift
var timerModels: [TimerModel] = []

private let encoder = JSONEncoder()
private let decoder = JSONDecoder()
private let key = "timers" // 永続化時の保存用キー
```

以下はTimerManagerクラスのsaveTimerModels関数です。ここで保存処理を行っています。

TimerManager.swift

```swift
func saveTimerModels() {
    do {
        let data = try encoder.encode(timerModels)
        UserDefaults.standard.set(data, forKey: key)
        UserDefaults.standard.synchronize()
    } catch {
        print("Error saving data: \(error)")
    }
}
```

このコードではTimerModelの配列をData型に変換し保存しています。

次に読み込み部分です。以下はTimerManagerクラスのloadTimerModels関数です。ここで読み込み処理を行っています。

TimerManager.swift

```swift
func loadTimerModels() {
    // データ読み込み
    if let data = UserDefaults.standard.data(forKey: key) {
        do {
            // Data型からdecoderを介しTimerModelの配列へ変換
            timerModels = try decoder.decode([TimerModel].self, from: data)
        } catch {
            print("Error loading data: \(error)")
```

```
            }
        }
    }
```

ここでは UserDefaults を使い、保存時に使用したキーと同じ値を指定してデータを読み込んでいます。取得した型は Data 型なので、Decoder を介して TimerModel の配列へ変換しています。

これによりデータの保存と読み込みができました。

3-6 WorldAnchorを使用した空間への位置固定

ここまでの実装でタイマーを空間に配置できますが、実はまだ不完全な状態です。

Apple Vision Pro はデジタルクラウンの長押し操作でホーム位置をリセットできます。ここまでの実装だと、タイマーを配置した後に別の方向を向いてホーム位置のリセット操作をすると、タイマーが移動してしまいます。

このままでは、せっかくデスクやキッチンなどの上に配置したタイマーが、ホーム位置をリセットするたびに関連のない位置に表示されることになります。

ホーム位置をリセットしても空間の同一位置に配置するためには **WorldAnchor** を使います。WorldAnchor は自身周辺の空間における特定箇所の位置情報を持つ構造体です。ARKit により自動で管理されています。空間に配置したエンティティを WorldAnchor と紐付け、位置情報を反映させることで初めて空間に固定配置された状態となります。

ここでは分かりやすく2つの立方体で説明します。

空間に2つの立方体を置きました。赤い立方体は WorldAnchor に紐付けてあり、空間に固定されています。青い立方体は紐付けしていません（図3-13）。

この状態でホーム位置をリセットすると、WorldAnchor に紐付けていない青の Box の位置が移動してしまいます（図3-14）。

図3-13 ホーム位置リセット前

図3-14 ホーム位置リセット後

この紐付けを行うには2段階で処理を実装していきます。

1. エンティティ空間に配置した後、WorldAnchorを生成してWorldTrackingProviderに追加する
2. WorldAnchor更新時にエンティティの位置情報を更新する

▶ 3-6-1 エンティティ空間配置後の処理

紐付け済みのエンティティと紐付け前のエンティティを管理するために、2つの連想配列anchoredObjects、objectsBeingAnchoredを使用します。

anchoredObjects は WorldAnchor とすでに紐付けたエンティティを保持する配列、objectsBeingAnchored は空間に配置したがまだ WorldAnchor と紐付けていないエンティティを保持する配列です。

以下が宣言部分のコードです。

ImmersiveViewModel.swift

```swift
// WorldAnchor紐付け済みエンティティ配列
private var anchoredObjects: [UUID: Entity] = [:]

// WorldAnchorに紐付ける前のエンティティ配列
private var objectsBeingAnchored: [UUID: Entity] = [:]
```

コードでは空の状態で配列を宣言しました。

エンティティを空間配置した直後に attachObjectToWorldAnchor 関数で必要な処理を行います。以下がそのコードです。

ImmersiveViewModel.swift

```swift
private func attachObjectToWorldAnchor(_ object: Entity) async {
    // ① WorldAnchorの生成
    let anchor = await WorldAnchor(originFromAnchorTransform: object. ⤵
transformMatrix(relativeTo: nil))

    // ② WorldAnchor紐付け前エンティティ配列に保持
    objectsBeingAnchored[anchor.id] = object

    do {
        // ③ 生成したWorldAnchorをWorldTrackingProviderに追加
        try await worldTracking.addAnchor(anchor)
    } catch {
        // 追加失敗時、WorldAnchorに紐付け前エンティティ配列から削除しエンティティも削除
        print("Failed to add world anchor \(anchor.id) with error: \(error).")
        objectsBeingAnchored.removeValue(forKey: anchor.id)
        await object.removeFromParent()
        return
    }
}
```

このコードでは以下の処理を実装しています。

1 WorldAnchorの作成

2 エンティティをWorldAnchorに紐付ける前に、エンティティ配列に保持

3 生成したWorldAnchorをWorldTrackingProviderに追加。追加が失敗したら削除処理

これにより、WorldAnchorが追加され、エンティティは紐付けを待った状態になります。この後の処理はWorldAnchor情報を更新するときに行います。続けて説明していきます。

▶ 3-6-2 WorldAnchor情報更新時の処理

WorldAnchor更新時に処理を行うため、RealityViewへ.taskを用いてWorldAnchorの更新を監視して呼び出しています。以下がそのコードです。

ImmersiveView.swift

```swift
RealityView { content, attachments in
    // ...省略...
}
.task {
    // WorldAnchor更新監視を開始
    await viewModel.processWorldAnchorUpdates()
}
```

processWorldAnchorUpdates関数ではWorldTrackingProviderのanchorUpdatesを監視し続け、変更があった場合にprocess関数で処理をします。以下がその呼び出し部分のコードです。

ImmersiveViewModel.swift

```swift
@MainActor
func processWorldAnchorUpdates() async {
    for await anchorUpdate in worldTracking.anchorUpdates {
        // WorldAnchorの情報更新に対して処理を行う
        process(anchorUpdate)
    }
}
```

第3章　空間を活用したタイマーアプリ開発

　このコードで呼び出しているprocess関数内の処理で、WorldAnchor追加時、更新時、削除時の制御を行います。追加時の処理は以下のコードです。

ImmersiveViewModel.swift

```
@MainActor
private func process(_ anchorUpdate: AnchorUpdate<WorldAnchor>) {
    let anchor = anchorUpdate.anchor

    switch anchorUpdate.event {
    case .added:
        if let objectBeingAnchored = objectsBeingAnchored[anchor.id] {
            // 新規に空間配置された場合の処理:

            // ① WorldAnchorに紐付ける前のエンティティ配列から削除
            objectsBeingAnchored.removeValue(forKey: anchor.id)

            // ② WorldAnchor紐付け済みエンティティ配列へ追加
            anchoredObjects[anchor.id] = objectBeingAnchored

            if let timerManager = self.timerManager,
                let uuid = UUID(uuidString: objectBeingAnchored.name),
                let timerModel = timerManager.getTargetTimerModel(id: uuid) {

                // ③ TimerModelにWorldAnchorを紐付け
                timerModel.worldAnchorID = anchor.id
                timerManager.updateTimerModel(timerModel: timerModel)
            }
        } else if let timerModel = timerManager.getTargetTimerModel(worldAnchorID: ⏎
anchor.id) {
            // 永続化データから読み込んだ場合の処理:

            // ④ 対象の位置保持用エンティティがある場合、WorldAnchor紐付け済みエン ⏎
ティティ配列へ追加
            if let placeHolder = getTargetEntity(name: timerModel.id.uuidString) {
                anchoredObjects[anchor.id] = placeHolder
            }
        } else {
            if anchoredObjects[anchor.id] == nil {
                Task {
                    await removeAnchorWithID(anchor.id)
                }
            }
```

164

```
        }
        // 追加した後 .updated へ処理継続
        fallthrough
    case .updated:
        // ...省略...
    case .removed:
        // ...省略...
    }
}
```

.added: のブロックで WorldAnchor と TimerModel の紐付け処理を行っています。

ここで注意が必要なのが、タイマーを初めて空間に追加した場合と永続化データから読み込んだ場合の処理内容が異なることです。永続化データから読み込んだ場合はすでに WorldAnchor と TimerModel の紐付けが済んでいるため、紐付けに関する情報を更新する必要がありません。

初めて追加した場合は以下を行います。

1 WorldAnchor に紐付ける前のエンティティ配列から削除
2 WorldAnchor 紐付け済みエンティティ配列へ追加
3 TimerModel に WorldAnchor を紐付け

すでに紐付け済みの場合は以下を行います。

4 対象の位置保持用エンティティがある場合、WorldAnchor 紐付け済みエンティティ配列へ追加

これにより、WorldAnchor と TimerModel の紐付けができました。

続けて、WorldAnchor の位置情報を位置保持用エンティティに反映させます。以下が該当部分のコードです。

ImmersiveViewModel.swift

```
@MainActor
private func process(_ anchorUpdate: AnchorUpdate<WorldAnchor>) {
    let anchor = anchorUpdate.anchor
```

第3章　空間を活用したタイマーアプリ開発

```swift
switch anchorUpdate.event {
case .added:
    // ...省略...
    fallthrough
case .updated:
    // WorldAnchorの位置と向きを位置保持用エンティティに反映
    if let object = anchoredObjects[anchor.id] {
        object.position = anchor.originFromAnchorTransform.translation
        object.orientation = anchor.originFromAnchorTransform.rotation
        object.isEnabled = anchor.isTracked
    }
case .removed:
    // ...省略...
}
```

　.updated: のブロックで位置調整を行っています。WorldAnchorの位置と向きの情報
をそれぞれエンティティに設定しています。これによりWorldAnchorの位置が位置保持
用エンティティに反映されます。

　削除時の処理も実装しておきます。以下がそのコードです。

ImmersiveViewModel.swift

```swift
@MainActor
private func process(_ anchorUpdate: AnchorUpdate<WorldAnchor>) {
    let anchor = anchorUpdate.anchor

    switch anchorUpdate.event {
    case .added:
        // ...省略...
    case .updated:
        // ...省略...
    case .removed:
        // 位置保持用エンティティを空間から削除
        if let object = anchoredObjects[anchor.id] {
            object.removeFromParent()
        }
        // 位置保持用エンティティを配列から削除
        anchoredObjects.removeValue(forKey: anchor.id)
    }
}
```

166

.removed:のブロックで、WorldAnchorが削除されていたら位置保持用エンティティも削除するように記述しています。

エンティティ空間に配置した後の処理、そしてWorldAnchor情報の更新時の処理を実装することにより、端末の起動場所が変わったりホーム位置をリセットしたりしても、空間内の同じ場所にタイマーを表示する機構を作成できました。

3-7　ローカル通知の送信と受信

本アプリは、タイマーのカウントがゼロになるとローカル通知を表示します（図3-15）。これにより、アプリがバックグラウンド状態になっているときでも通知が表示され、タイマーの終了を知ることができます。通知はコントロールパネルで確認できます。

以下のコードではローカル通知送信の許可をリクエストしています。

図3-15　ローカル通知

TimerManager.swift

```swift
private let notificationDelegate = ForegroundNotificationDelegate()

init() {
    UNUserNotificationCenter.current().delegate = self.notificationDelegate

    // ローカル通知送信の許可をユーザーへリクエスト
    UNUserNotificationCenter.current().requestAuthorization(options: [.alert, ↲
.sound, .badge]) { (granted, error) in
        print("Permission granted: \(granted)")
    }
}
```

第 3 章　空間を活用したタイマーアプリ開発

　実際にローカル通知を作成する処理は以下です。

TimerManager.swift

```swift
private func sendNotificationRequest(id: UUID, title: String, second: TimeInterval, ⤵
body: String = "") {

    // ローカル通知内容作成
    let content = UNMutableNotificationContent()
    content.title = title
    content.body = body
    content.sound = .defaultRingtone

    // 秒数を指定しトリガー作成
    let trigger = UNTimeIntervalNotificationTrigger(timeInterval: second, repeats: ⤵
false)

    // 通知リクエスト作成
    let request = UNNotificationRequest(identifier: id.uuidString, content: content, ⤵
trigger: trigger)
    UNUserNotificationCenter.current().add(request)
}
```

　このコードではローカル通知内容を作成し、秒数を指定した上でトリガー作成。そし
てそのトリガーを使って通知リクエスト作成を行っています。これにより指定秒数後にロー
カル通知が表示されます。

　タイマーの通知処理ではタイマーの一時停止と削除にも対応する必要があります。

　タイマーが一時停止もしくは削除された際に、その都度ローカル通知送信リクエスト
を消しています。もしそうしないとタイマーは止まっているのにローカル通知のみ表示
されることになるためです。一時停止時に通知を消す処理は忘れがちなので気をつけましょ
う。

TimerManager.swift

```swift
private func cancelNotification(id: UUID) {
    UNUserNotificationCenter.current().removePendingNotificationRequests(withIdenti ⤵
fiers: [id.uuidString])
}
```

このコードにより、ローカル通知送信リクエストが削除できます。

さて次に、アプリが表示されている際のローカル通知について制御していきます。

通常はアプリがバックグランド状態のみでしかローカル通知は表示されません。アプリがアクティブな状態でローカル通知を表示するには、UNUserNotificationCenterDelegateに対応した実装を追加します。

本アプリでは「ForegroundNotificationDelegate」クラスを作成し、UNUserNotificationCenterDelegateで要求される処理を記述することで対応しました。

以下がそのコードです。ローカル通知受信時の処理を記述しています。

ForegroundNotification.swift

```swift
import UserNotifications

class ForegroundNotificationDelegate: NSObject, UNUserNotificationCenterDelegate {

    func userNotificationCenter(_ center: UNUserNotificationCenter, willPresent ⏎
notification: UNNotification, withCompletionHandler completionHandler: @escaping ⏎
(UNNotificationPresentationOptions) -> Void) {
        completionHandler([.banner, .list, .badge, .sound])
    }
}
```

以上でローカル通知の送信と受信の処理ができました。

3-8 SchenePhaseによるアプリの状態制御

visionOSではアプリの表示状態をSchenePhaseとして保持しています。

SchenePhaseはEnvironmentから取得できる列挙型（enum）です。以下のように取得します。

SchenePhaseの取得

```
@Environment(\.scenePhase) private var scenePhase
```

アプリの表示状態の変化に応じて、自動的に値が更新されます（表3-2）。

第 3 章　空間を活用したタイマーアプリ開発

表3-2　ScenePhaseの種類

名称	概要
active	シーンが前面に表示されており操作可能
inactive	シーンが前面に表示されているが、処理を一時中断する必要がある
background	シーンが非表示になっている

詳しくは公式ドキュメントを参照してください。

● **ScenePhase**

https://developer.apple.com/documentation/swiftui/scenephase

アプリがScenePhaseについて感知せずに、Immersive Spaceの状態でメイン画面のクローズボタンをタップしてアプリを閉じると、Immersive Spaceで表示した画面を残したままメイン画面が消え、操作が継続できない状態になってしまいます。

これを避けるためにScenePhaseの変化を監視して制御します。

アプリケーションの`main`の構造体で以下のように判定して処理します。

MySpatialTimerApp.swift

```swift
@main
struct MySpatialTimerApp: App {

    @Environment(\.dismissImmersiveSpace) private var dismissImmersiveSpace
    @Environment(\.scenePhase) private var scenePhase

    var body: some Scene {
        WindowGroup {
            ContentView(appState: appState, timerManager: timerManager)
        }
        .onChange(of: scenePhase, initial: true) {
            dismissImmersiveSpaceIfNeeded(scenePhase: scenePhase)
        }

        ImmersiveSpace(id: "ImmersiveSpace") {
            ImmersiveView(appState: appState, timerManager: timerManager)
        }
    }
```

```
@MainActor
private func dismissImmersiveSpaceIfNeeded(scenePhase: ScenePhase) {
    guard scenePhase != .active else { return }
    guard appState.immersiveSpaceOpened else { return }

    Task {
        await dismissImmersiveSpace()
        appState.didLeaveImmersiveSpace()
    }
}
```

このコードでは scenePhase の変更を監視し、active ではなくなった Immersive Space を閉じる処理を行っています。

これにより、メイン画面が閉じられた場合、あるいは別のアプリが起動して My Spatial Timer がバックグラウンド状態になった場合に、自動で Immersive Space を解除しています。

3-9　本章のまとめ

本章では、空間を活用したタイマーアプリ My Spatial Timer の実装について紹介しました。シンプルなタイマーアプリですが、Immersive Space を使って空間へ自由に配置し、その操作を実現しています。

本アプリのポイントは、"広い空間ではタップ処理ができない問題"へ対応するため、端末の移動に追従するマーカーを採用した点です。また、データ永続化や WorldAnchor を使用した位置の固定、動的なアタッチメント追加の取り回し、ローカル通知や ScenePhase 対応といった工夫もありました。本章の解説によって、空間を扱うためのヒントが得られたかと思います。

空間を活用したアプリは今後も進化を続けていくはずです。皆さんも思いついたアイデアをどんどん実現していきましょう！

.

第4章 SunnyTuneの実装事例

佐藤 寿樹

図4-1 SunnyTune

　本章ではApple Vision Proのローンチタイトルとしてリリースした**SunnyTune**の実装事例を紹介します（図4-1）。

　SunnyTuneは天気を感じられるアプリです。現在の天候や時間が反映された「空間」を、インテリアのように置いておくことができます。Apple Vision Proではマルチタスクが可能なので、Apple Vision Pro上で仕事をしながらSunnyTuneを表示することも可能です。SunnyTuneを視界の端に置いておけば、雨が降り出したタイミングや時間経過による天気の変化を感じとることができ、自然に現在の屋外の状況を把握できます。

情報を自ら見に行くのではなく受動的に得ることで、情報に埋もれがちな現代にあって、体感的かつ自然に情報を取り入れるアプリケーションを目指しています（図4-2）。

図4-2 SunnyTuneの使用イメージ

本章では、SunnyTuneを制作する過程を通して、Apple Vision Proアプリの開発がどのようなものか、開発において注意が必要なところはどこか、どのような工夫が施されているかを紹介します。なお紹介するコードは本章の解説用に作り直しており、製品で使用されているものとは異なります。

4-1　Volumeアプリ開発の基礎

インテリアのように空間に配置するために、SunnyTuneは「本書について」で前述した3種類の基本要素のうちVolumeを採用しています。Windowは平面的な配置ですが、Volumeでは奥行きのある3次元空間の中にコンテンツを配置できます。本節ではVolumeアプリの作成方法と特徴、使用できる機能の制限について解説します。

▶ 4-1-1　Volumeアプリの作成

Volumeでは空間の中にコンテンツを配置できます。Volumeを作成するにはプロジェクト設定で［Initial Scene］を［Volume］に設定します（図4-3）。

図4-3　プロジェクト作成画面

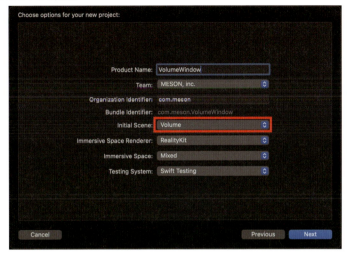

プロジェクトを作成すると、[Product Name] に指定した名前のファイルが作成され、以下に示すコードのようにVolumeを設定できます。

VolumeWindowApp.swift

```swift
struct VolumeWindowApp: App {

    @State private var appModel = AppModel()

    var body: some Scene {
        WindowGroup {
            ContentView()
                .environment(appModel)
        }
        // Volumeのサイズは defaultSizeで指定ができる
        .defaultSize(width: 1000, height: 1000, depth: 1000)
        // WindowStyleを.volumetricにするとVolumeWindowにできる
        .windowStyle(.volumetric)
    }
}
```

Volumeでは.defaultSizeモディファイアを指定することで、空間のサイズを変更できます。サイズの単位はミリメートルです。一方で、空間の中に配置するコンテンツの位置はメートル指定なので注意してください。.windowStyleモディファイアでは、作成

するWindowGroupに.plainスタイル（Window）か.volumetricスタイル（Volume）、もしくはデフォルトのスタイルを自動的に設定する.automaticスタイルを設定できます。ここではVolume形式でプロジェクトを作成したため.volumetricスタイルが指定されています。

　次はコンテンツの配置部分を見ていきましょう。配置の確認をしやすくするため、今回は球を置いてみます。まずはMeshResource.generateSphereメソッドで球のメッシュを作成しています。作成したメッシュを使用してModelEntityを作成します。さらに作成したsphereエンティティを用いてRealityViewのcontentに対しcontent.add(sphere)と記述することで、Volumeアプリの空間の中に球を追加できます（図4-4）。

ContentView.swift

```
struct ContentView: View {
    var body: some View {
        RealityView { content in
            let sphereMesh = MeshResource.generateSphere(radius: 0.1)
            let sphere = ModelEntity(mesh: sphereMesh, materials: [SimpleMaterial()])
            content.add(sphere)
        }
    }
}
```

図4-4　Volumeアプリで球を表示した状態

.plainスタイル（Window）から.volumetricスタイル（Volume）に変更する場合は、プロジェクト設定を変更する必要があります。図4-5はプロジェクトの設定を行っているInfo.plistファイルですが、この[Preferred Default Scene Session Role]に[Volumetric Window Application Session Role]が指定されていないと、コードを書き換えただけではVolumeの起動時にエラーが出て起動できないため、注意してください。

図4-5 Info.plistファイル

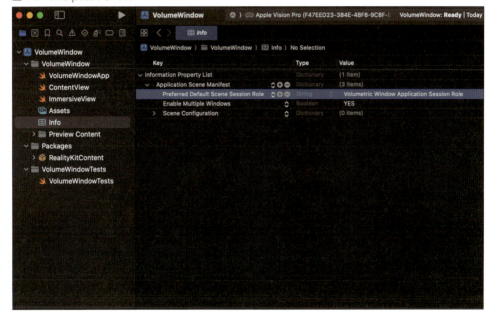

第 4 章　SunnyTune の実装事例

 4-1-2　Volumeの特徴

　Volumeは幅、高さ、奥行きを指定することで空間を作っています。その空間内の位置を指定して、コンテンツを配置します（図4-6）。

図 4-6　空間のサイズ感

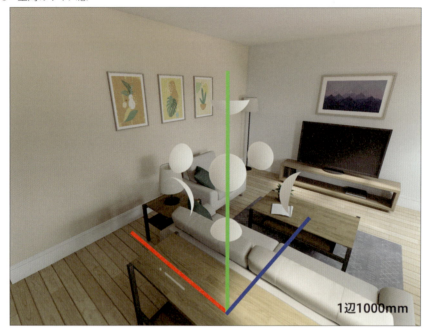

　Volumeのサイズ以上の位置にコンテンツを配置すると、見切れて表示されます。ここで、幅、高さ、奥行きをすべて1mに指定したVolumeを作成し、原点から右に0.5m移動させた0.1mの球を配置してみます。

ContentView.swift

```
let sphereMesh = MeshResource.generateSphere(radius: 0.1)
let sphere = ModelEntity(mesh: sphereMesh, materials: [SimpleMaterial()])
sphere.position += [0.5, 0, 0]
content.add(sphere)
```

　直感的には球の半分は表示されるように思えますが、図4-7のように、何も表示されません。

図4-7 球を原点から右に0.5m移動させた状態

球の位置を原点から右に0.4mの位置に変更してみましょう。

ContentView.swift
```
sphere.position += [0.4, 0, 0]
```

図4-8のように、球の半分ほどが表示されました。

このように空間サイズすべてを表示領域に使用できるわけではなく、余白が存在することが分かります。コンテンツを配置する際には、端に位置しないように余裕をもって値を設定するのがよいでしょう。

図 4-8　0.4m 移動させた状態

　visionOS 1 では Volume のサイズ変更ができませんでしたが、visionOS 2 から Volume のサイズ変更がサポートされました。.defaultWorldScaling(.dynamic) モディファイアを追加することで Window と同じようにハンドルが表示され、Volume のサイズを変更することができます。Volume 内に表示しているコンテンツのサイズも Volume のサイズに合わせて変更したい場合は GeometryReader3D コンテナビューと scaleEffect モディファイアを使用してコンテンツのサイズを変更します。

ContentView.swift

```swift
var body: some Scene {
    WindowGroup {
        GeometryReader3D { geometry in
            ContentView()
                // 変更前から変更後のサイズを割りスケールするサイズを設定
                .scaleEffect(geometry.size.width / 1000.0)
                .environment(appModel)
        }
    }
    // Volumeのサイズは defaultSizeで指定ができる
```

```
        .defaultSize(width: 1000, height: 1000, depth: 1000)
        // WindowStyleを.volumetricにするとVolumeWindowにできる
        .windowStyle(.volumetric)
        // Volumeのサイズを変更できるようにする
        .defaultWorldScaling(.dynamic)
}
```

図4-9 Volumeでのサイズ変更

　WindowとVolumeでは移動させたときの挙動にも違いがあります。Windowは上下に動かすと、ユーザーの方向に正面になるように向きを変えます。一方Volumeは、向きを維持した状態で移動します。

　空間上に花瓶を置いて上方向に移動させると、Windowのほうはユーザーに向かって正面を向くため、横から見ると傾いていることが分かります（図4-10左）。Volumeのほうは移動させても地面と水平を維持したままなので、横から見ても水平です（図4-10右）。visionOS 2からは、.volumeWorldAlignment(.adaptive)とモディファイアを追加することで、Windowと同じようにユーザーに向かって正面を向くように変更できるようになりました。

図4-10 （左）Windowで上に上げて横から見た図。（右）Volumeで上に上げて横から見た図

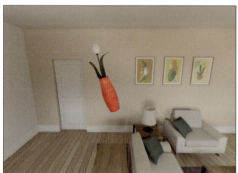

4-1-3　VolumeでのUI

　Volumeの内部にUI機能を表示することも可能です。コード上では、3Dコンテンツは RealityView の中で設定し、UIそのものに関してはその外で設定します。一般的なSwiftUIのように、VStack コンポーネントや HStack コンポーネントを用いて3Dコンテンツを整列できます。コンテンツを前面に出したい場合は RealityView に ZStack コンポーネントを使用して、RealityView の後ろにコンテンツを追加します（図4-11）。ZStack コンポーネントを設定せずに View を表示すると、Volumeの一番奥に表示されます。

ContentView.swift

```swift
ZStack {
    RealityView { content in
        ...
    }
    Text("Hello World")
        .padding()
        .glassBackgroundEffect()
}
```

図4-11 VolumeでのSwiftUI

　基本的なViewのほとんどは問題ないのですが、一部の特殊なViewについてはVolumeで正常に描画できないため注意が必要です。

　Viewの手前に表示するようなPresentationモディファイアはVolumeでは使用できません。そのためAlert（図4-12）などの機能が使用できなくなっています。Previewでは表示されますが、実行するとエラーになって表示されないので注意してください。

図4-12 Alert機能

4-1-4 Volumeの制限

　他のアプリと自然な形で共存し、現実空間上に表示するVolumeアプリには、使用できる機能に制限があります。細かい点も含めてSunnyTuneの制作時につまずいた表現上の制限を紹介していきます。

シェーダーはShaderGraphのみ利用できる

　visionOSでは3Dモデルを表示するフレームワークにRealityKitを採用しています。本来はRealityKitのCustomMaterialを使用すれば、3Dモデルをどのように描画するのかプログラムするためのMetalシェーダー機能を使用できますが、visionOSのRealityKitではCustomMaterialを使用できません。そのため、Metalシェーダーを記述してモデルを細かく制御することはできません。

　シェーダーを作成するには、ShaderGraphを使用する必要があります（図4-13）。ただし、シェーダーをGUI上で作成するShaderGraphでは、for文を使った繰り返し処理のように複雑処理を行う方法がないため、希望する表現ができない可能性があります。

図4-13 ShaderGraphのサンプル

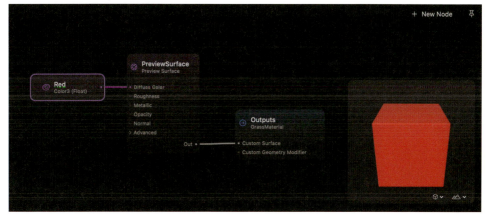

マテリアル設定の制限

　ShaderGraphで作成したシェーダーはSwift側でShaderGraphMaterialとして使用できますが、ShaderGraphMaterialには色のブレンドを変更するBlendingを利用できません。描画されている色を光らせるような表現を実現するために、Blendingの加算合成を利用したかったのですが、Blendingが利用できないことから諦めかけていました。ところがShaderGraphで［UnlitSurface］ノードの［Has Premultiplied Alpha］にチェックを付与し、［Opacity］を［0.0］にすることで加算合成を実現できました（図4-14）。Premultiplied Alphaは、マテリアルのカラー情報にアルファ値を乗算したものを加算合成することによって、アルファ値の計算を簡略化できる機能です。

図4-14 UnlitSurfaceでの加算合成

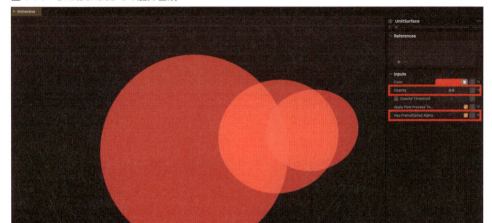

カメラ情報が取得できない

　WindowとVolumeはそれぞれ平面と空間の中にコンテンツを配置しましたが、「本書について」で解説したように、自分の周囲にコンテンツを配置できるSpaceがあります。カメラ位置を取得する、つまりユーザーの頭の動きを取得して、デバイス（カメラ）の位置を測定するWorldTrackingRecognitionはSpaceのみの機能です。Volumeではカメラの位置を取得できません[注1]。ただし、ShaderGraphではCameraPositionやViewDirectionの値を取得できるため、シェーダー側でカメラ位置を使用することは可能です。シェーダー側でカメラの位置を使用すれば、モデルの輪郭を光らせるようなフレネル反射や、カメラに対して光がどのように入ってくるか（反射光）を計算できます。

現実空間のトラッキングができない

　現実空間のメッシュ情報を取得するSceneRecognitionはSpaceでのみ使用でき、Volumeでは使用できません。現実空間の位置やメッシュを使用したい場合はSpaceを使用する必要があります。

[注1] VolumeでAnchorエンティティを使用すると、デバイスの位置にコンテンツを配置できます。しかし、Anchorの位置を取得すると、かならず [0,0,0] が返ってくるので、実質アプリケーション側ではデバイスの位置を取得できません。

手の位置や関節情報が取得できない

手の情報を取得するHandTrackingRecognitionはSpaceでのみ使用でき、Volumeでは使用できません。ジェスチャの情報に関してはTapGestureやDragGestureなどで取得できます。

4-2　空の表現

本節では、SunnyTuneの空がどのように作られているか解説していきます。SunnyTuneは天気の情報を感じられるアプリです。分かりやすく天気を感じるためには、まず空の表現が重要です。空の表現は、晴天、曇りといった雲の量や状態、また、昼、夕方、夜など時間による明るさの表現を天球に描画することで実現します（図4-15）。綺麗な空とそこに浮かぶ雲を見ているだけでも癒されるアプリです。

図4-15　SunnyTuneの空の様子

4-2-1　天球の作成

　空の表現にあたって、Volumeで現実空間となじむように表示し、世界への広がりを演出するために、天球への描画をぼかしています。これは球体にシェーダーを使用して、空の色合いと雲の描画を行うことで表現しています（図4-16）。

　Volumeはあらゆる角度から見ることができるので、どこから見ても木や地面の後ろに空が表示されなければいけません。そのため、天球の法線を反転させ、内側を向けることで球体の裏面のみを描画しています。visionOS 1ではポリゴンの描画方向を設定するカリングの設定が変更できなかったため、モデル作成時に法線を反転させています（図4-17）。

図4-16　天球の表現サンプル

図4-17　法線方向が内側を向いている

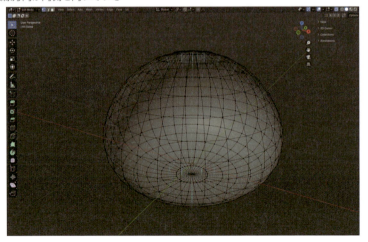

▶ 4-2-2　空のグラデーション

モデルが準備できたら、Reality Composer ProのProject Browserに登録します。登録したモデルをシーンに追加することでシーン上に配置できます。

次に、空を変化させるシェーダーを作成していきましょう。シェーダーを編集するにはマテリアルを作成します。まずCustomMaterialを作成し、Dome_geometryにマテリアルをバインドします（図4-18）。

図4-18　Reality Composer Proの画面

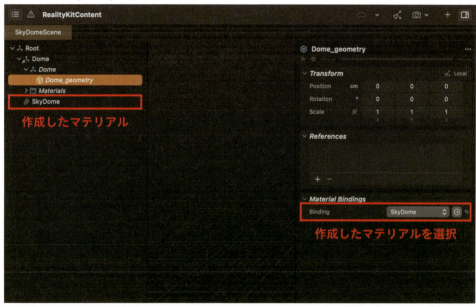

［Material Bindings］からマテリアルを選択し、［ShaderGraph］を選択すると、シェーダーをノードベースで作成できるグラフビューが開きます。このShaderGraphを使用して、シェーダーを記述していきます。

空の表現で影をつけるシェーディングは必要ないので、デフォルトの［PreviewSurface］を消し、［UnlitSurface］を新しく追加します（図4-19）。

図4-19 ［UnlitSurface］を［Outputs］に繋ぐ

次に［Color］ノードを作成して、昼の青い空の色を設定します。このノードに［UnlitSurface］の［Color］を設定して、空の色に変化させることができます。色を変更するには、［Color］ノードを選択して、右側の［Inputs］の［Value］を変更します。ノードの名前部分を選択すると編集できるので、分かりやすい名前に変更しておくとよいでしょう。図4-20では［Color］ノードをDayColorという名前に変更しています。

図4-20 ［Color］ノードを［UnlitSurface］に接続して色を変更

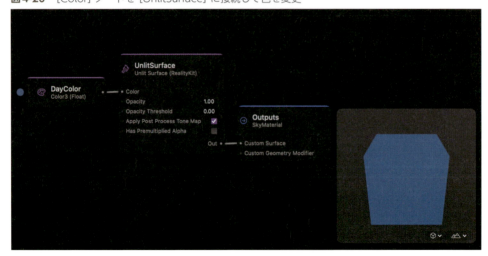

これだけでは単色で深みがないため、球体の上下方向でグラデーションを作成しましょう。
［Color］ノードをもう1つ作成し、空の下側の色を用意します。図4-21ではDayColorを
DayColorTopに変更し、新しく追加した［Color］ノードをDayColorBottomとしています。
このノードを、球体のローカルポジションのY成分を利用して、徐々に空の上側のカラー
に変化させていきます。

徐々に色を変化させるためには、［Mix］ノードを使用します。［Mix］は2つの入力を0〜
1の範囲で徐々に変化させるノードです。

［Mix］ノードの［Foreground］に空の上部のカラーを設定し、［Background］に下部
のカラーを設定します。［mix］の値を0〜1で設定してみると、色が徐々に［Foreground］
のカラーに変化する様子が分かるでしょう。

図4-21 ［Mix］ノードを追加した状態

これではまだグラデーションにはならないので、［Position］ノードを作成して［Space］
を［model］に変更します。これはモデリング座標系を指定することを意味し、［Position］
の値をモデリング時の頂点座標で取得します。

次に［Separate3］ノードを作成して［Position］ノードを接続し、［Position］ノードの
値をX、Y、Zの要素に分解します。分解したY成分を利用して徐々にグラデーションさ
せていきます。

Y成分をそのまま使用しても、［Mix］ノードで使用する［mix］の0〜1の範囲にならな
いので、SunnyTuneでは［SmoothStep］ノードを使用しています（図4-22）。［SmoothStep］
は［Low］から［High］までを、なだらかに0〜1に変化させるノードです。

図4-22 グラデーションを追加

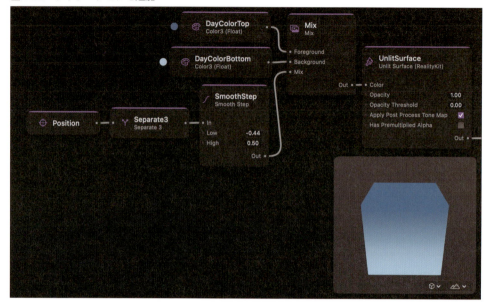

　これを昼、夕方、夜と3種類作成しています。3種類のカラーグラデーションが作成できたら、時間帯によって変化させるために、シェーダー自体の入力として［Time］パラメータを［Input］に追加します。何もノードがないところを選択して、［Inputs］から［Time］を［Float］で追加することで、スクリプト上から［Time］のパラメータを変更できます（図4-23）。

図4-23 Timeパラメータを追加した状態

［Time］には、昼を1、夕方を0、夜を－1に設定して変化させています。［Time］が0～1のときは夕方から昼へ、0～－1のときは夕方から夜へと変化するように、ここでも［SmoothStep］ノードを使用しています（図4-24）。

図4-24　時間による変化を追加した状態

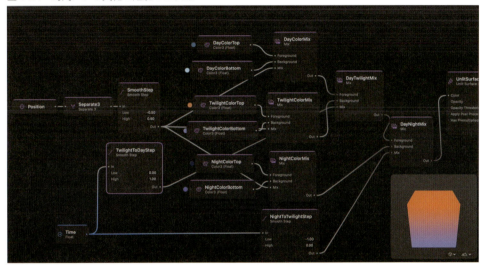

　これで空がグラデーションで変化するようになりました。SunnyTuneではWeatherKitを利用して日の出、日の入りの時間を取得し、［Time］を計算、設定しています。具体的には以下のコードのように、日の出、日の入りの時間の前後30分を夕方に設定しています。

SunnyTuneSampleModel.swift
```swift
// 日の出、日の入りの前後30分から徐々に昼と夜に切り替えていく
let hour: TimeInterval = 3600
let halfHour: TimeInterval = hour / 2
let sunsetStart = (sunset - halfHour)
let sunsetEnd = (sunset + halfHour)
let sunriseStart = (sunrise - halfHour)
let sunriseEnd = (sunrise + halfHour)

// 日の出前は夜にする
if now < sunriseStart {
    return -1.0
}
```

```
// 日の出開始から終了までの1時間を-1〜0で変化させる
else if now < sunriseEnd {
    return -1.0 + (now.timeIntervalSince(sunriseStart) / hour)
}
// 日中の時間を0〜1〜0と変化させるために、sinカーブで変化させている
else if now < sunsetStart {
    let dayHour = (sunsetEnd).timeIntervalSince(sunriseStart)
    return sin(((sunsetStart).timeIntervalSince(now) / dayHour) * .pi)
}
// 日の入り開始から終了までの1時間を0〜-1で変化させる
else if now < sunsetEnd {
    return -(now.timeIntervalSince(sunset - halfHour)) / hour
}
// 日の入り後なので夜にする
else {
    return -1.0
}
```

作成したノードは分かりやすいようにまとめます（図4-25）。空の色を決めているノードをすべて選択して右クリックし、［Compose Node Graph］を選択すると、選択しているノードを1つにまとめることができます。

図4-25 複数のノードをComposeした状態

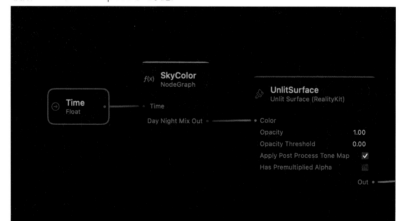

▶ 4-2-3　シームレスな表現

　SunnyTuneは現実空間と溶け込んだアプリケーションにすることを目指したため、現実空間とSunnyTuneの境界がシームレスにつながるような工夫を施しています（図4-26）。はっきり空間に配置すると存在感が強くなってしまうので、空間と一体化したような印象を持たせたいと考えました。

図4-26　空が馴染んでいる様子

　境界部分をシームレスに表現するために、球体の縁の部分から徐々に透過させています。これには視線方向と法線方向の内積をとり、視線と垂直に近い部分（ドームの縁の部分）を徐々に0に近づける方法を利用します。計算した内積の値を、[SmoothStep] ノードを使用して、一定範囲以上一致していない部分を透過させます（図4-27）。計算した値は [UnlitSurface] の不透明度設定である [Opacity] と接続し、どのくらい透過するかを設定します。

第 4 章　SunnyTune の実装事例

図 4-27　シームレス表現のノード

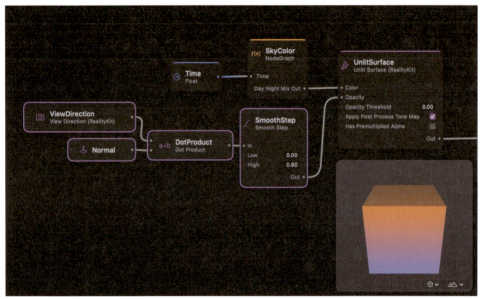

▶ 4-2-4　雲を動かす

図 4-28　雲のサンプル

SunnyTuneではAPIから取得した実際の雲の量に合わせて、空に雲を描画するような表現を実現しています（図4-28）。雲の描画にはフラクタルノイズと呼ばれる表現を使用します。Reality Composer ProのShaderGraphには［FractalNoise］ノードが用意されているので、これをそのまま使用します（図4-29）。

図4-29　ShaderGraphでフラクタルノイズを利用

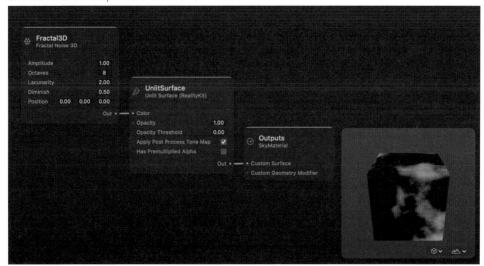

　雲の描画には［Octaves］によるフラクタルの重ね合わせを多く発生させて、フラクタルの重ね合わせを多く発生させて、白と黒の境界部分に細かいノイズを入れ、雲のような見た目になったものを利用します。ここでは6に設定しています。また、雲のアニメーションのX座標に［Time］を足すことで、時間によって雲が徐々に移動しながら変化するという表現をしています（図4-30）。

図 4-30　時間変化を加えたノード

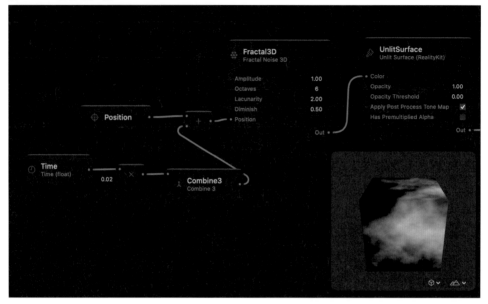

　このままでは空の見える範囲が多く、曇りの表現としては隙間が多くなります。全体に雲が行き渡るように、絶対値をとってマイナス方向も雲を出現させる値に利用します。[Fractal3D]ノードでは－1から1の値がとれるので、この絶対値をとって1～0の範囲にします。こうすることで、今まで－1～0の部分だったところも0～1になります。[SmoothStep]ノードは[Low]から[High]までの範囲を徐々に0～1にするノードなので、[In]に入力した[Fractal3D]ノードの結果のどの部分から白にするかを、[Low]に入力した[Cloud]の値で調整しています（図4-31）。例えば[Low]の値が0.8だと、0.8～1までの部分が徐々に白くなっていき、それ以外の部分は完全な黒になります。

　最終的には、雲の表現に使うパラメータを空の色に加算することで雲を表現しています。しかし、このまま夜の時間帯に加算してしまうと、夜の暗さにしては明るい色の雲になってしまうため、夜になるにつれて色も暗くさせる工夫が必要です。SunnyTuneでは、夜の暗さに対して雲を徐々に薄くすることで表現しています（図4-32）。現実では雲が薄くなるわけではありませんが、夜空が透けて見えることで見た目もよくなるので、このような調整を採用しています。

図4-31 曇りの表現を追加したノード

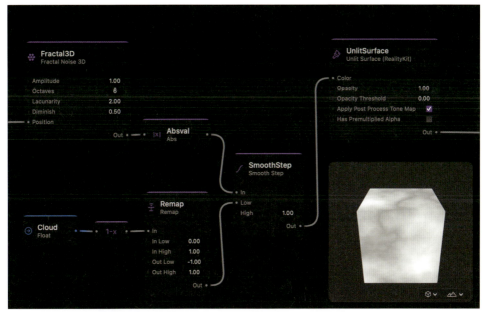

図4-32 夜の雲の表現を追加した状態

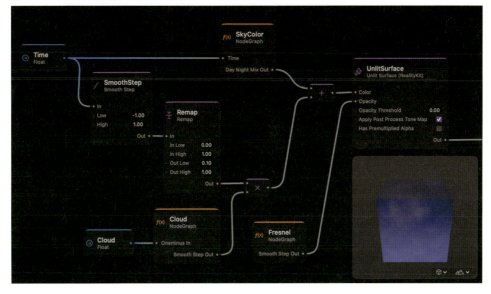

4-3　光の表現

　本節では、SunnyTuneにおける太陽の位置の計算と、太陽からの光の表現方法について解説していきます。

　SunnyTuneを作成していたvisionOS 1とXcode15.3の状態では、ディレクショナルライトやポイントライトといったライトの機能が利用できませんでした[注2]。そのため、太陽の位置からライティングする簡易的なライティング計算を独自に行っています。図4-33は太陽の位置から地面や草が照らされている様子が分かるかと思います。

図4-33　太陽方向からオレンジ色の光で照らされる様子

▶ 4-3-1　太陽位置の計算

　太陽の位置は、緯度経度と時間によって計算します。地球は地軸が23.4度傾いており、季節によって太陽の位置が変わります。太陽の赤緯[注3]は−23.44〜＋23.44の間で変化し、

注2　visionOS 2ではDirectionalLightComponentやDynamicLightShadowComponentなどライト機能が追加されました。
注3　赤緯は天球の赤道（赤道を拡張して天球に当たる部分）から何度南北に離れているかを表します。地軸の角度が23.44度傾いているため、−23.44から＋23.44の範囲で地球が太陽を回る際にずれていきます。地軸自体も長い年月で角度が変わっていくので、文献によっては23.45度となっているものがありますが、SunnyTuneでは23.44度を使用して計算しています。

以下の式で示すように、この変化（Δ）は1月1日からの経過日数（d）をもとにsinカーブの近似で求めることができます。

$$\Delta = 23.44 \times \sin\left[\frac{2\pi}{365} \times (d + 284)\right]$$

sinカーブの中を詳しく見ると、2π ラジアンを365日で割り、太陽の周期の1日あたりの変化量を求めています。284日という定数は春分点を基準にしています。春分点は天球の赤道と、太陽の周回軌道である黄道が重なる位置となり、ここを基準としてどの角度に太陽があるかを計算しています。北半球では3月20日頃にあたりますが、式の簡略化のために1月1日からの日数に対して284日を加えることで近似しています[注4]。

次に時角を計算します。現在時（h）から12を引くことで正午を0として、そこから太陽が何度動いているかを計算します。

$$H = (h - 12) \times 15$$

SunnyTuneでは時間ごとではなく分刻みで動かしたいため、分（m）も考慮しています。

$$H = (h + (m/60) - 12) \times 15$$

求めた赤緯と時角から、緯度経度が示す場所の太陽高度を求めます。緯度は赤道を0度として、北極南極を0度としたときの角度なので、赤道部分で正午のときに太陽赤緯の角度に太陽がくることになります。春分と秋分のときには太陽赤緯も0度となり、真上に太陽がきて影がなくなります。

$$\sin(\alpha) = \sin(\delta) \times \sin(緯度) + \cos(\delta) \times \cos(緯度) \times \cos(H)$$

これで太陽の高度を求めることができました。次は太陽の方位角（$Azimuth$）を求めていきます。

注4　南半球では季節が逆になり、春分点が9月22日頃になるため、81日を加えることで近似させます。

$$\sin(Azimuth) = -\cos(\delta) \times \cos(H)$$
$$\cos(Azimuth) = \frac{\sin(\alpha) - \sin(\delta) \times \sin(緯度)}{\cos(\delta) \times \cos(緯度)}$$
$$Azimuth = \arctan2(\sin(Azimuth), \cos(Azimuth))$$

方位を真上から見たときに、$\sin(Azimuth)$では北南でのY位置、$\cos(Azimuth)$では東西でのX位置を求め、そこからarctan2を使用して0～360度で方位角を求めています。

これで太陽の位置が求められました。以下のコードに示すように、この値を使用して天体を回転させることで太陽を回転させています。

SunnyTuneSampleModel.swift

```swift
// 方位角はY軸回転
let rotationY = simd_quatf(angle: deg2rad(azimuth), axis: [0,1,0])
// 高度はX軸回転
let rotationX = simd_quatf(angle: deg2rad(altitude), axis: [1,0,0])
// 天体を方位角と高度で回転させる
celestialBody!.transform.rotation = rotationY * rotationX
```

天体の中では太陽と月が一定量の間隔をもって配置し、天体を回転させると太陽の位置も変わります。SunnyTuneでは月の位置は太陽の反対側に配置しており、現実の位置とは異なります（図4-34）。あくまで月は、夜の時間を分かりやすくするためのモチーフとして使用しています。

図4-34　SunnyTuneの太陽と月のデフォルト位置

4-3-2　陰影とハイライト表現

太陽の表現をより自然に見せるために、ライトの方向を考慮した陰影を描写します。陰影を表現するにはライトの方向とモデルの法線ベクトルを使用して、ライトにどれだけ当たって明るくなっているか拡散反射光の計算を行います。拡散反射光（$Diffuse$）の計算には、法線ベクトル（$Normal$）とライトの方向（$LightDirection$）を使用します。

$$Diffuse = \max(Normal \cdot -LightDirection, 0)$$

$Diffuse$の計算には、ライトの方向のみを使用しています。内積計算では、ベクトルが同じ向きに近づくと1になり、逆を向くと−1になります。ライトの向きと法線の向きが向かい合うと、その面がライトに照らされることを表現するには、$LightDirection$をマイナスにして反転させます。図4-35は上記の計算にカラーを足したものになります。

図4-35　Diffuseカラーのみを設定したノード

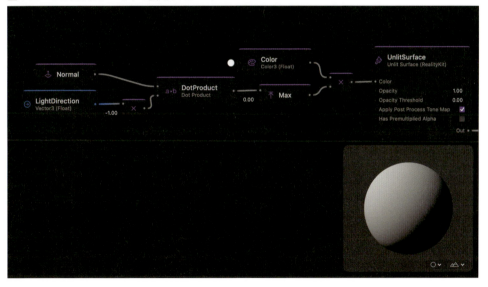

このままではライトの影響を受けない部分が黒くなってしまうため、環境光（$AmbientColor$）を足してモデルの色（$BaseColor$）が見えるようにします。図4-36は紫色のAmbientを追加し、全体に色がついている様子が確認できます。

$$Color = BaseColor * (Diffuse + AmbientColor)$$

図4-36　紫のAmbientカラーを追加した状態

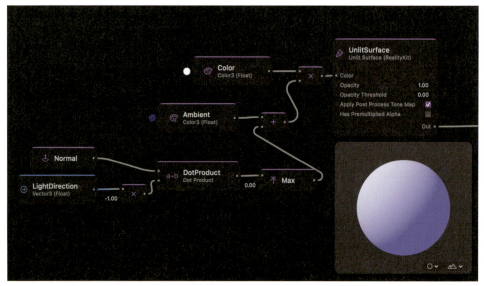

これで陰影を表現できました。しかし、これではポリゴンの法線ベクトルに依存した計算となっており、ディティールを表現するためにポリゴン数が必要になってしまいます。一般的には、ライティングの計算時に法線ベクトルのオフセット情報が入ったテクスチャを使用し、法線ベクトルをずらす法線マッピングを使用します。ポリゴン上の法線マッピング用のテクスチャ（図4-38）が持つRGBの値を、位置を表すXYZとして扱い、どちらに法線ベクトルが傾いているかを計算して凹凸の情報を追加しています。図4-37では［NormalMap］ノードを使用して法線マッピングを行い、凹凸をつけています。

図4-37 法線マッピングを行ったノード

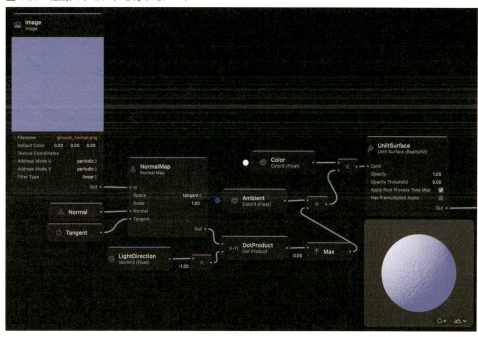

図4-38 法線マッピング用のテクスチャ

次に、鏡面反射光によるハイライト表現（*Specular*）を追加します。SunnyTuneでは、雨に濡れたときの表現にハイライトを使用しています。ハイライトは法線とライトの方向から反射ベクトルを求めて、反射ベクトルと視線方向が一致している部分を強く光らせます。

　まずは反射ベクトル（*Reflect*）を法線とライトの方向から求めます。

$$Reflect = Normalize(LightDirection - 2 * (Normal \cdot LightDirection) * Normal)$$

　求めた反射ベクトルと視線方向とで内積をとり、光沢度（*Shininess*）を指数として累乗します。光沢度を大きくすると、より視線に一致している部分のみが強く光ります。

$$Specular = (Reflect \cdot ViewDirection)^{Shininess}$$

　求めた*Specular*をカラーに足してハイライトを追加します。

$$Color = Color + Specular$$

　反射ベクトルの計算は、ShaderGraphの［Reflect］ノードを使用して実装しています。［Reflect］ノードの結果は正規化されていないため、［Normalize］ノードが必要です（図4-39）。Specularの処理は分かりやすいように［Compose Node Graph］でまとめておきます。

　さらに雨に濡れたときの表現にするために、*Wet*パラメータを*Specular*に乗算します。

$$Color = Color + (Specular * Wet)$$

　これで雨が降ったときに*Wet*のパラメータが上がるとハイライトが追加され、濡れたような表現ができます。

　最後に時間帯による太陽光の色の変化を表現するために、ライトカラーを追加します。ライトカラーは最終結果にライト用のカラーを乗算することで表現します（図4-40）。

$$Color = Color * LightColor$$

　これらの表現をすべて追加してテクスチャを加えると、図4-41のようになります。

4-3 光の表現

図4-39 Specularを追加した状態

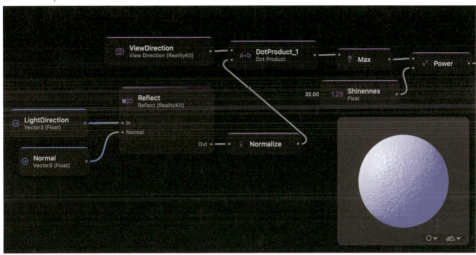

図4-40 ライトカラーを追加した状態

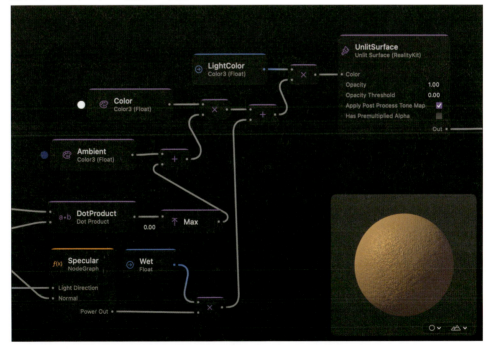

207

図4-41　表現をすべて適用した状態

　SunnyTuneでは中心の木から落ちた影を追加していますが、見た目には大きく影響していないため説明を省略します。本節で解説してきたように、SunnyTuneでは光の表現を行いたかったので、自前でライティングの計算を行いました。これによって現実のライティングの影響を受けなくなり、使用している現実空間との一体感は薄れます。特別な理由がなければ、現実のライティングの影響を受ける表現のほうが望ましいでしょう。
　デフォルトで使用しているPhysicallyBasedマテリアルを使用するか、シェーダー側で現実情報をもとにしたライティング情報を取得する［Environment Radiance］ノードを使用することで、現実空間をもとにしたImageBasedLightingを行うことができます。

図4-42　明るい部屋でのImageBasedLighting（左）と暗い部屋でのImageBasedLighting（右）

4-4 風を表現する

本節では草の揺らし方について解説していきます。SunnyTuneでは現在の天候を感じとるために風の表現も追加しています。草や木を揺らすことで、目に見えない風の強さや方向を表現しています。図4-43だけでは分かりにくいですが、風で木と草が揺れている様子を反映しています。

図4-43　木と草が風に揺れている様子

▶ 4-4-1　草を揺らす

風の方向に草を揺らすには、メッシュ情報の変形を行うShaderGraphの［Geometry Modifier］ノードを利用します。［Outputs］ノードの［Custom Geometry Modifier］に設定すると適用できます。［ModelPositionOffset］にローカル座標の頂点位置を動かす範囲を設定することで、モデルの頂点を操作できます。

UnityのShaderGraphとは異なり、［ModelPositionOffset］には移動後の頂点位置ではなく移動量を設定することに注意が必要です。試しに［1, 0, 0］を入力すると、キューブが右に動きます（図4-44）。

図 4-44 右への移動を試す設定

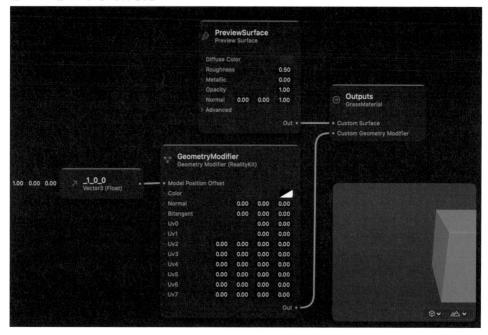

　頂点のY座標の位置によってカーブを描くように［ModelPositionOffset］に値を入力することで草を揺らします。Y軸方向に対して波打つように揺らしたいので、Y座標を［Sin］ノードの入力に使います。［Position］ノードから［Separate3］でY座標を抜き出し、波の周期を調整するために［WaveScale］を使用して大きくし、［Time］と足すことで時間によって波打つようにしています（図4-45）。波打つ速度や揺れ幅を調整できるように［TimeScale］と［MoveScale］を用意しています。

　これだけでは、全体が波打つだけで風になびいているようには見えません。草の根本はあまり揺らさずに、上の方の揺れ幅を大きくすることで風になびくように見せます。

　草のモデリング時に、草の一番下をY＝0で作成しているため、Y座標をそのまま乗算して影響度として使用します（図4-46）。これで図4-47のように草の根元が固定されます。

4-4 風を表現する

図4-45 モデルを波打たせる設定

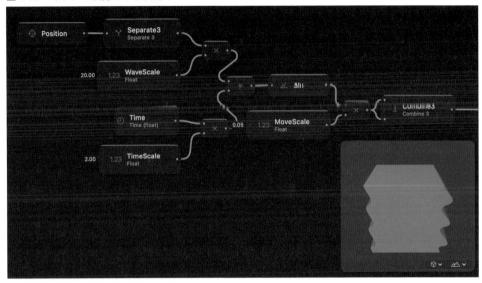

図4-46 Yの影響度を与えたノードの設定

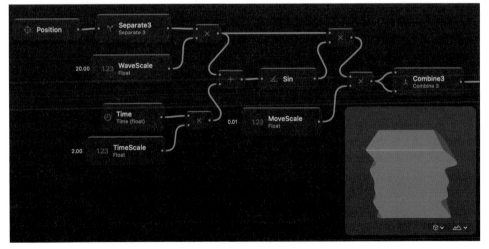

211

図 4-47 草の根元が固定されている様子

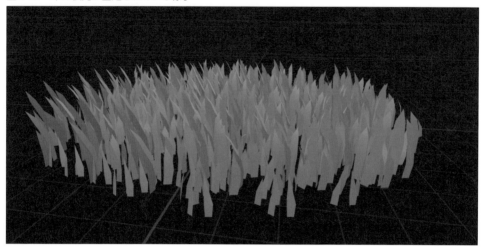

　このままでは草全体の揺れの周期が同じなので、草の位置によってばらつきを加えます。草のX、Z座標の位置と［Noise2D］を使用してノイズを作成します（図4-48）。［Noise2D］はパーリンノイズ[注5]を採用しており、徐々に変化するノイズを作成できます。図4-49はパーリンノイズを可視化したものです。白い部分と黒い部分が徐々に変化しているノイズとなっているのがわかるかと思います。

　これで動きにばらつきを持たせ、草が風に揺らぐようになりました。

注5　パーリンノイズはグリッド上にランダムな勾配ベクトルを配置し、その間を補間することで滑らかなノイズを作り出すものです。この方法により、急激な変化がなく、自然な見た目のノイズが生成されます。

図4-48 ノイズを加えたノードの設定

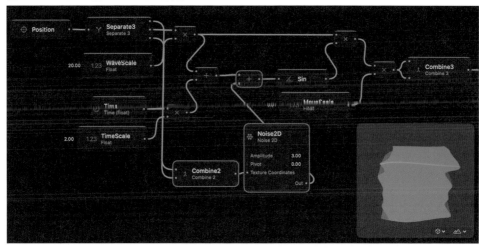

図4-49 ノイズテクスチャ

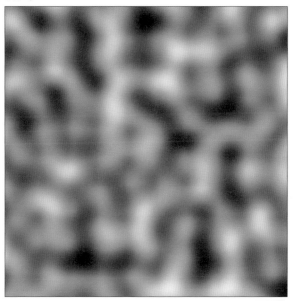

　最後に、風の方向を考慮した動きを加えます。風の方向はSwift側からベクトルとして受け取り、その方向に揺らぐようにします。これは単純に風の方向ベクトルに対して乗算することで対応します（図4-50）。SunnyTuneでは、WeatherKitから得られる実際の風の強さと方向からベクトルを設定するようにしています。

図4-50　風の方向を加えた状態

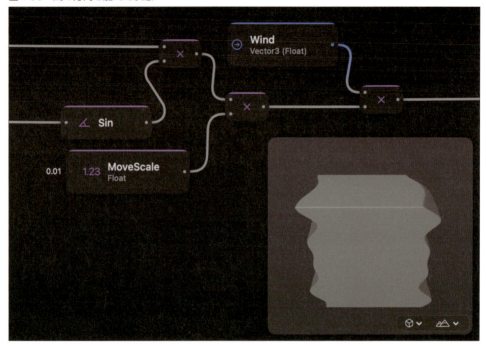

▶ 4-4-2　地面の形状に合わせる

　風の表現とは直接関係ありませんが、草の根本をY＝0にして風のパラメータとして使用している仕様上、モデリング時にはYを0以外に設定できません。SunnyTuneでは地面が中央に向かって膨らんでいるので、このままでは地中に草が入り込んでしまいます。これを避けるために、地面の膨らみに合わせたハイトマップ（Height Map）を使用して、シェーダー側で地面の形状に合わせる方法をとりました。

　X、Z平面をテクスチャ座標として使用するために［Remap］を行い0～1の範囲に収まるように変換し、取得した高さ情報を調整する［HeightScale］を掛け合わせ最終的な位置に足します（図4-51）。テクスチャは中心に向かって値が大きくなっているものを使用しています（図4-52）。それにより中心部分が盛り上がるような形状に変形しています。

図4-51 ハイトマップを加えたノードの設定

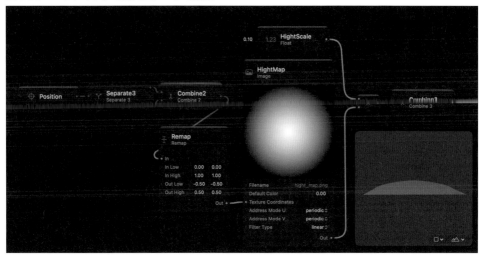

図4-52 ハイトマップ用のテクスチャ

4-5　木の成長アルゴリズム

　本節ではどのように木を生成し、成長させているのか解説していきます。SunnyTuneでは時間の経過と天気や気温などの天候による変化を反映させる目的で木を成長させています（図4-53）。木は1日で大きくなり、次の日にはまた新しい木が生成されます。

図4-53　木が成長した様子

▶ 4-5-1　L-system アルゴリズム

　木の成長にはL-system（Lindenmayer system）というアルゴリズムを使用しています。L-systemは文字の組み合わせによって変化を表現します。使用される文字に対してルールを定め、これを利用して図形を生成します。ルールの中で同じ文字が含まれることによって再帰的な図形の生成が可能となり、フラクタルな図形を作る際によく使用されます。

図4-54　L-System Rendererページ

L-systemのテストにはpiratefsh氏の作成したL-System Rendererを使用しました（図4-54）。この場を借りて感謝申し上げます。

- **L-Systems renderer**

  https://piratefsh.github.io/p5js-art/public/lsystems/

下記のようなルールを設定したとき、L-systemがどう動くのか、実際に見ていきましょう。

- 初期状態：X
- ルール：X=F[-X][+X]
- 角度：30°
- 長さ：36pixel

XやFの文字は線を表し、長さ分、現在の角度を保って伸びていきます。+や-は角度の増加を表し、角度分、回転します。[]は、現在の状態を保持（スタック）して[]の中を処理した後、保存した状態に戻るように処理されます。これにより分岐ができます。ルールは文字の置き換えに使用され、X=F[-X][+X]であれば、Xの文字がきたときにF[-X][+X]に置き換えられます。このルールを何度も適用することで複雑な形を作っていきます。

実際に文字列がどう変化するのか確認しましょう。初期状態XにF[-X][+X]というルールを適用すると図4-55のようになります。

図4-55 F[-X][+X]を1回適用した状態

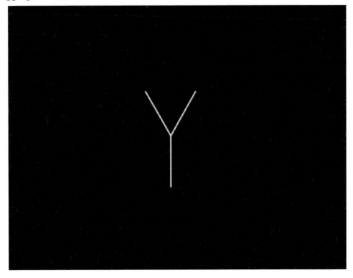

Xに2回ルールを適用すると、F[-F[-X][+X]][+F[-X][+X]]となります（図4-56）。

図4-56 F[-X][+X]を2回適用した状態

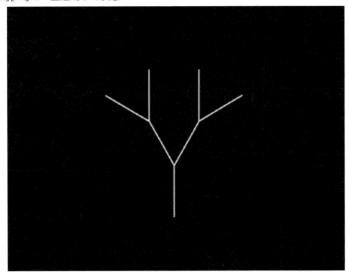

Xに3回ルールを適用すると、F[-F[-F[-X][+X]][+F[-X][+X]]][+F[-F[-X][+X]][+F[-X][+X]]]となります（図4-57）。

図4-57 F[-X][+X]を3回適用した状態

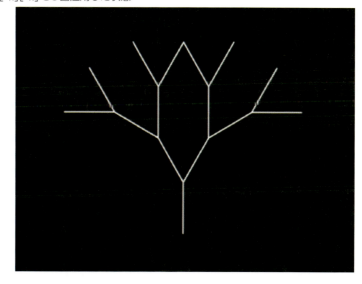

このように複雑な構造になり、これを木の成長に利用します。

そのままでは3次元に適応できないため、SunnyTuneでは回転軸をXYZの3次元に増やしています。pとPをX軸回転に、yとYをY軸回転に追加しています。また末端に葉を示すルールを追加し、Lがきたときに葉っぱを表示します。

これで木の成長を表現するための3次元のルールが整いました。

▶ 4-5-2　木のメッシュ生成

ここでは木のメッシュを作成する方法について紹介します。メッシュは頂点、法線、テクスチャ座標、頂点インデックスの基本的な構成で生成しています。簡単に各要素がどのような役割を持っているか説明します（表4-1）。

表4-1 メッシュ各要素の説明

要素	説明
頂点	ポリゴンを構成する頂点の位置
法線	ポリゴンが向いている方向
テクスチャ座標	頂点にテクスチャを貼り付けるときのテクスチャの位置
頂点インデックス	ポリゴンを構成する頂点のインデックス番号

これらの情報をL-systemの文字情報から生成し、木のメッシュを作成していきます。
SunnyTuneでは円形に配置した頂点を追加することで、木のメッシュを作成しています。
FやXなどの文字がきたときに円状に頂点を配置し、前回の頂点と接続してメッシュを作っ
ています（図4-58）。

図4-58 文字がくるたびに頂点が作られている様子

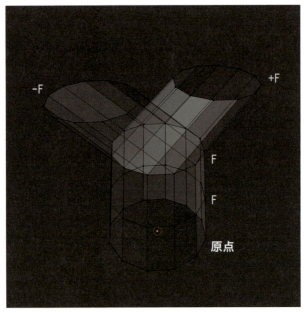

まずは以下に示すように、現在の状態を管理するクラスを作成します。L-systemは[]
がきたときに状態をスタックすることで分岐を表しているため、現在の状態をまとめて
スタックできるようにしておきます。

LSystemEntity.swift

```swift
struct Node {
    var startIndex: UInt32 // 頂点開始インデックス
    var center: SIMD3<Float> // 中心位置
    var angles: SIMD3<Float> // 角度
    var thickness: Float // 太さ
}
```

頂点を追加する前に、現在のポジションのインデックスと前回の開始地点のインデックスを保持しておきます。ここで保持したインデックスは、新しく追加する頂点と前回の頂点を結合するために使用します。node変数は先ほど作った現在の状態を保持するクラスです。

LSystemEntity.swift

```swift
// 開始時点の頂点インデックス
let startIndex = UInt32(positions.endIndex)
// 前回の頂点が開始したインデックス
let lastStartIndex = node.startIndex
```

次に現在の回転情報をQuaternion[6]に変換します。以下に示すように軸ごとにQuaternionを作成して掛け合わせます。またnode.angles変数は度数法になっているのでラジアンに変換します。

LSystemEntity.swift

```swift
// 角度から回転用のQuaternionを作成
var rotation = simd_quatf(angle:node.angles.z * .pi / 180.0, axis: [0,0,1])
rotation *= simd_quatf(angle:node.angles.y * .pi / 180.0, axis: [0,1,0])
rotation *= simd_quatf(angle:node.angles.x * .pi / 180.0, axis: [1,0,0])
```

分割数に合わせて頂点を何度ずらすか計算します。SunnyTuneでは12分割で頂点を作成しています。

LSystemEntity.swift

```swift
// 分割数に合わせてどれだけ角度をずらしていくか計算
let stepRadian = 2.0 * .pi / Float(subdivide)
```

分割数によるループ処理では、まず頂点位置を作成しています。Y軸を中心に回転させるため、sin、cosに幹の太さであるnode.thicknessを掛けて円周上の位置を設定しています。ここに現在の回転を適用し、中心座標に足すことで頂点の位置を決定します。

注6　Quaternion（クォータニオン）は、4次元ベクトルを使用して回転を表す方法です。X、Y、Z軸の回転量（オイラー角）で回転を表現すると、回転軸が固定されてしまうジンバルロックと呼ばれる問題が発生します。この問題を回避するために、3Dの計算ではQuaternionが使用されます。

第4章　SunnyTune の実装事例

LSystemEntity.swift

```swift
// Yを軸に円周上の頂点の位置を計算
let radian = stepRadian * Float(i)
let sin = sinf(radian)
let cos = cosf(radian)
let x:Float = sin * node.thickness
let z:Float = cos * node.thickness
let y:Float = length

// 回転を加えた後、前回の中心位置に足して位置を決める
let position = rotation.act([x,y,z])
positions.append(node.center + position)
```

法線に関しても、現在の回転量と頂点の円周上の方向を乗算して向きを設定します。

LSystemEntity.swift

```swift
// 回転を加えて法線を計算する
let normal = (simd_quatf(angle: radian, axis:[0,1,0]) * rotation).act([0,0,1])
normals.append(normal)
```

　テクスチャ座標に関しては幹と葉で同じテクスチャを使用しています（図4-59）。幹の
テクスチャには0〜0.5を指定し、fmod(y, treeVRange.y)でY座標が上がるごとに0〜0.5を
繰り返します。fmodメソッドは小数点の余りを計算しており、treeVRange.yが0.5だと、
Y座標が0.5になったとき、0.5で割った余りが0となるため、0〜0.5を繰り返すようにな
ります。テクスチャ座標はUV座標ともよばれ、テクスチャのX方向をU、Y方向をVと
して表し、頂点がテクスチャのどの位置を使用するかを表します。

LSystemEntity.swift

```swift
// UV座標の計算
// Uは円周をぐるっと一周する
// VはY座標によって割り当てつつfmodで木の幹部分を繰り返す
texcoords.append([Float(i)/Float(subdivide), fmod(y, treeVRange.y)])
```

図4-59 使用しているテクスチャ

　葉のテクスチャは図4-59のように2種類あり、offsetU定数の値で左右どちらのテクスチャを使用するか切り替えています。V座標は0.5〜1の範囲で設定しますが、0.5や1とピッタリの値を設定すると小数点の誤差で隣のピクセルの色を拾ってきてしまうため、少し小さめに設定しています。

LSystemEntity.swift

```
private let leefUWidth: Float = 0.5
private let leefVRange: SIMD2<Float> = [0.51, 0.99]
...
let offsetU = 0
// 2枚葉っぱの画像を並べているので、どの位置の画像を使うか計算
let u = (leef.texcoord[i].x * leefUWidth) + Float(offsetU) * leefUWidth
// Vの長さを計算
let vLength = leefVRange.y - leefVRange.x
// texcoord.yの0〜1をVの位置に合わせる
let v = (leef.texcoord[i].y * vLength + leefVRange.x)
```

第 4 章　SunnyTune の実装事例

　頂点情報の作成が終わったら、ポリゴンを構成する頂点インデックスを作成します。ポリゴンは三角形で構成されるので、頂点のインデックスを三角形になるように配置していきます。このとき前回生成された頂点と結合させるために、前回の頂点インデックスを使用しています。

LSystemEntity.swift

```swift
// 頂点インデックスの設定
// 前回生成した頂点と結合していく
for i in 0..<subdivide-1 {
    let index = UInt32(i)
    indices.append(startIndex+index)
    indices.append(lastStartIndex+index)
    indices.append(lastStartIndex+index+1)

    indices.append(startIndex+index)
    indices.append(lastStartIndex+index+1)
    indices.append(startIndex+index+1)
}
// 最後は最初の頂点と結合させる
let endIndex = startIndex+UInt32(subdivide-1)
indices.append(endIndex)
indices.append(lastStartIndex+UInt32(subdivide-1))
indices.append(lastStartIndex)

indices.append(endIndex)
indices.append(lastStartIndex)
indices.append(startIndex)
```

　このように円形の頂点を追加していくことでメッシュを生成しています。最後に作成した頂点情報を使用してメッシュを作成します。

LSystemEntity.swift

```swift
// 追加した頂点をもとにメッシュを作成する
var meshDescriptor:MeshDescriptor = .init()
meshDescriptor.positions = MeshBuffers.Positions(positions)
meshDescriptor.primitives = .triangles(indices)
meshDescriptor.normals = MeshBuffers.Normals(normals)
meshDescriptor.textureCoordinates = MeshBuffers.TextureCoordinates(texcoords)
return try await MeshResource(from: [meshDescriptor])
```

4-5 木の成長アルゴリズム

　作成したメッシュをModelEntityにセットし、マテリアルを指定して、メッシュを描画するためのエンティティを作成します。

LSystemEntity.swift

```swift
// L systemのシンボルに合わせてメッシュを作成
let mesh = try await generateMesh()

// モデルを作っていなければ新しく作成する
if self.model == nil {
    self.model = ModelEntity(mesh: mesh, materials: [self.material!])
    self.model?.setParent(self)
}
// すでにモデルがある場合はモデルのメッシュを差し替える
else {
    if let modelComponent = self.model?.components[ModelComponent.self] {
        try await modelComponent.mesh.replace(with: mesh.contents)
    }
}
```

▶ 4-5-3　メッシュへのルール適用

　ここまでで木を描画する準備ができました。それではこの条件に以下のルールを適用していきます。先細り率とは、木が伸びていくにつれて徐々に枝を細くするために使うパラメータで、太さのパラメータに乗算します。

- 初期状態：FF[+F[+pX][-PXL]FX][-F[+PX][-pXL]FX]FF[+PXL][-pX]FXL
- ルール：F=FF、X=F[+X][-X]FXL
- 角度：20°
- 長さ：0.02m
- 太さ：0.02m
- 先細り率：0.9

　前後左右に木が伸びるように設定すれば、立体感を持った木が作成できるでしょう（図4-60）。

225

図4-60 初期状態（左）、ルールを1回適用した状態（中）、ルールを2回適用した状態（右）

しかし、ルールを適用するごとに木の成長は指数関数的に加速するため、これだけでは適用する段階が大きすぎます。SunnyTuneではルール適用をいくつかのブロックに区切り、さらに次のルール位置に徐々に頂点を移動させることで、成長を段階的に表現しています。また、ルール自体にランダム性を持たせたり、太陽の位置に合わせて成長方向を変更したりしています。これらを組み合わせて、時間の経過や天候に影響を受けた木の成長を表現しています。

4-6 本章のまとめ

本章ではSunnyTuneの実装について紹介してきました。現状はVolumeアプリの実装には様々な制限があるため、その制限の中でどのような工夫をして表現しているか知っていただけたと思います。ShaderGraphしか利用できない、デバイス情報を取得できないといった制限は、実際のアプリケーション開発において影響は大きいといえます。あらかじめ制限内容と対処法を知った上で、どのようなアプリケーションを実現できそうか考えてみるとよいでしょう。

第5章 Unityによる visionOS アプリ開発

加田 健志

　本章ではゲームエンジンのUnityを使ってvisionOSアプリを制作する方法を紹介します。3Dゲームエンジンの印象が強いUnityですが、ゲームだけでなくXRインタラクションコンテンツの制作に便利な機能やライブラリを豊富に備えています。C#を使ってコーディングし、基本的にはSwiftを使わなくてもアプリを開発できます。

　Unityを利用することで、「本書について」で説明した「Window」「Volume」「Space」の3種類のアプリケーションを制作できます。ただし、2024年4月時点では、UnityでVolumeアプリ、Spaceアプリを作るにはUnity Pro、Enterprise、Industryいずれかの有料ライセンスが必要です。

5-1　環境構築

　本節ではUnityの環境構築を行います。UnityでvisionOSアプリを開発する際の推奨環境は下記のとおりです。

- Apple Silicon Mac
- Unity 2022.3.20f1 以降
- Xcode 15.2以降

Windows PCやIntel製のCPUを搭載したMacでは開発できないので注意してください。

5-1-1　Unityのインストール

Unityをインストールする流れを以下に示します。

1　アカウントの作成
2　Unity Hubのインストール
3　Unity Editorのインストール

まず、https://id.unity.com/account/new にアクセスしてUnityアカウントを作成します。

アカウントが作成できたら、https://unity.com/ja/download からMac用のUnity Hubをインストールします。

Unity Hubがインストールできたら、Unity Hubを開いて［Installs］→［Install Editor］を選択します（図5-1）。

図5-1　Unity HubからUnity Editorをインストール

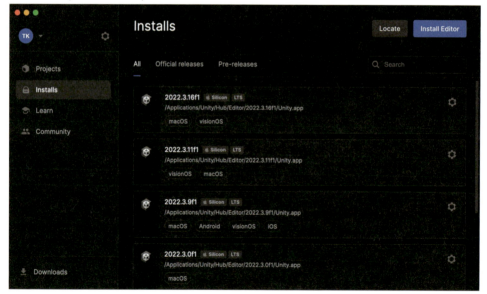

インストールするUnityのバージョンは2022.3.20f1以降を選択します。そしてモジュール選択の際に［visionOS Build Support］を選択しインストールします（図5-2）。

図5-2　モジュールをインストール

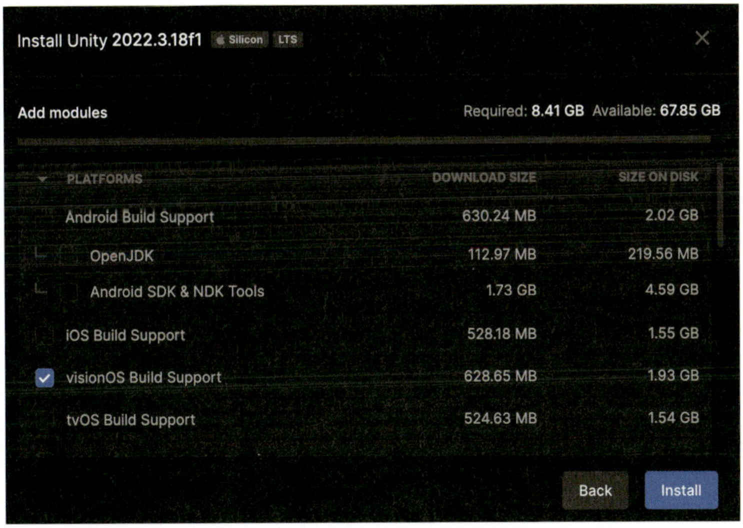

これでインストール完了です。

5-2　Windowアプリの作成

本節では、基本となるWindowアプリを作ります。

▶ 5-2-1　プロジェクトの作成

Unity Hubの［New Project］から新規プロジェクトを作成します。このときテンプレートを選択でき、ここでは［3D (URP)］を選択します（図5-3）。

図5-3 プロジェクトの作成

しばらく待つとUnity Editorが起動します（図5-4）。

図5-4 Unity Editor

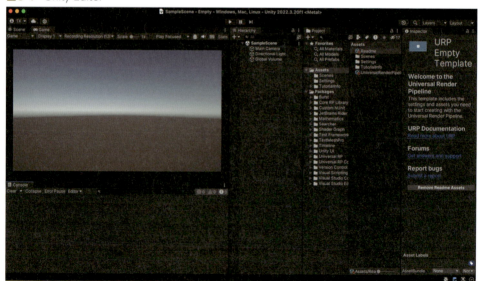

Unity Editorが起動したら、次に［File］→［Build Settings］を選択し、ビルド設定を開きます。ここで［visionOS］を選択し、下部の［Switch Platform］ボタンをクリックしてビルドするプラットフォームを切り替えます。プラットフォームの切り替えが終わったら、シミュレーターで動かすために［Target SDK］の項目を［Simulator SDK］に変更します（図5-5）。なお、実機（Apple Vision Pro）で動かす場合は［Device SDK］のままで問題ありません。

図5-5 ビルドするプラットフォームの切り替え

▶ 5-2-2　UIの作成

ここからUnity内でシーンを構築していきます。基本的なUnityの操作についての解説は本書では割愛します。Unityの操作に慣れていない方はUnityのチュートリアル（https://learn.unity.com/course/unity-tutorials-for-beginners-jp）などを参考にしてください。

最初に、visionOS内でのインタラクションができたことを確認するためにUIを作成します。上部メニューの［GameObject］→［UI］→［Canvas］でUIを設置するキャンバスを作成します（図5-6）。

図5-6 Canvasの作成

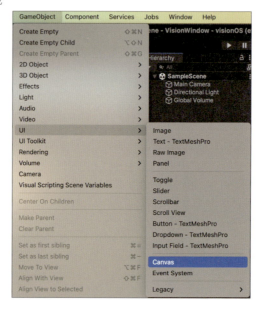

Canvasを選択した状態で、同メニューから［Button］と［Text - TextMeshPro］を選択して、Canvasの配下にButtonとText（TMP）を配置します（図5-7）。

図5-7 UIのHierarchy

TextMeshProを選択した際にダイアログが出てきた場合は［Import TMP Essentials］を選択します（図5-8）。

図5-8 TextMeshProのインポート

次にボタンをクリックしたらテキストの内容が変わるスクリプトを作成します。Projectビューの任意の場所で右クリックし、［Create］→［C# Script］を選択してスクリプトを作成します。ファイル名は作成するクラス名に合わせてSampleUIにします（図5-9）。

図5-9 スクリプトの作成

コードは下記のとおりに記述してください。

SampleUI.cs

```
using System.Collections;
using System.Collections.Generic;
using UnityEngine;
using UnityEngine.UI;
```

第 5 章　Unity による visionOS アプリ開発

```csharp
using TMPro;

public class SampleUI : MonoBehaviour
{
    [SerializeField] Button button;
    [SerializeField] TextMeshProUGUI textMesh;

    int count = 0;

    private void Start()
    {
        // ボタンをクリックしたら反応するイベントを登録する
        this.button.onClick.AddListener(() =>
        {
            // ボタンがクリックされたらcountを1加算しテキストを更新する
            this.count++;
            this.textMesh.text = $"Clicked:{this.count}";
        });
    }
}
```

　作成したスクリプトをCanvasにドラッグしアタッチします。そしてHierarchyのButtonオブジェクトを、SampleUI内のButtonへドラッグ・ドロップして参照を持たせます。同様にText(TMP)オブジェクトをText Meshに参照を持たせます。図5-10の通りになっていれば正しく参照を持たせることができています。

図5-10　作成したスクリプトの追加

234

ここまでできたらプロジェクトの設定は完了です。一度Unity Editor上で［▶］ボタンを押して実行し、画面上のボタンのクリックによってテキストが変化することを確認しておきましょう（図5-11）。

図5-11　Unity Editor上で実行

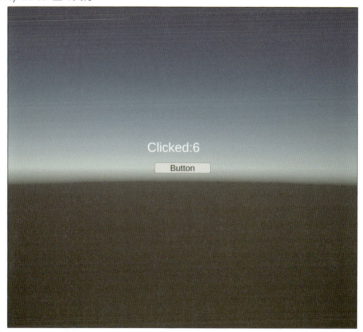

▶ 5-2-3　ビルドしてシミュレーターで動かす

　UnityによるvisionOSアプリの制作では、実機で実行できるファイルを出力できません。UnityからXcodeプロジェクトを出力し、出力されたXcodeプロジェクトをXcodeによってビルドする必要があります。

　まず、Unity Editor上で［File］→［Build Settings］を選択し、ビルド設定を開きます（図5-12）。そしてビルド設定下部にある［Build］ボタンをクリックします。続いて、適当な場所にフォルダを作成してXcodeプロジェクトの出力先を指定します。

図5-12　ビルド設定

　ビルドが無事終わったら、先ほど選択したフォルダを開きます。この中にUnity-VisionOS.xcodeprojプロジェクトファイルがあるので、これをXcodeで開きます（図5-13）。

　Xcodeが開いたら、実行ボタンをクリックします（図5-14）。ビルドが完了すると、シミュレーターで作成したアプリが自動的に開きます。

図5-13　Unityから出力されたXcodeプロジェクト

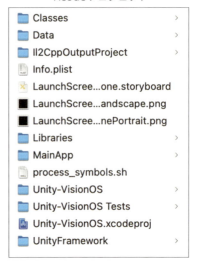

図5-14 Xcode上で実行する

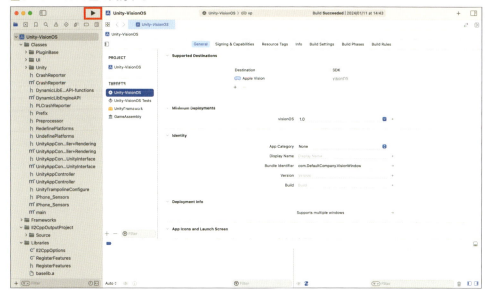

　シミュレーター上でWindowアプリが動き、ボタンを押すとクリック数に応じてテキストが変化します（図5-15）。

図5-15 Windowアプリをシミュレーター上で実行

うまくいかない場合はプロジェクトの設定を確認してみてください。特に［Build Settings］内の［Target SDK］の設定は忘れやすいので注意が必要です。また、Unity側で変更を加えた場合はXcodeプロジェクトの出力からやり直す必要があります。

5-3　Volumeアプリの作成

本節では、Volumeアプリの作成方法と公式サンプルについて解説します。公式サンプルにはPolySpatialで利用できる様々な機能が実装されています。使用されているコンポーネントやコードを見ることで、PolySpatialの基本動作を学ぶことができます。なお、前述の通り、UnityでVolumeアプリ、Spaceアプリを制作するにはUnity Pro、Enterprise、Industryいずれかのライセンスが必要です。これらのライセンスを試してみたい方は、30日間のトライアルライセンスを使用してみるとよいでしょう。トライアルライセンスの詳細については以下のURLを参照してください。

```
https://create.unity.com/jp-pro-trial
```

▶ 5-3-1　プロジェクトの作成

5-2-1項で解説したWindowアプリと同様に、［3D (URP)］のテンプレートを使ってプロジェクトを作成します。上部メニューの［File］→［Build Settings］からビルド設定を開き、ビルドするプラットフォームを［visionOS］に切り替えておきます。

▶ 5-3-2　プロジェクトの設定

UnityでVolumeアプリを作るには、専用のパッケージを2つインポートする必要があります。このパッケージのことをPolySpatial SDKと呼びます。まず、［Window］→［Package Manager］でPackage Managerを開き、左上の［▼］ボタンからメニューを開いて、［Add package by name...］を選択します（図5-16）。入力欄にcom.unity.polyspatial.visionosと入力し、［Add］をクリックするとパッケージのインポートが始まります。

図5-16　パッケージの追加

5-3　Volume アプリの作成

　しばらくすると、Unity の再起動を促すダイアログが現れるので、[Yes]を選択して再起動します（図5-17）。

　Unity が再起動したら同様の手順で Package Manager から com.unity.polyspatial.xr をインポートします。インポート完了後、図内の赤枠で囲まれたパッケージがインポートされていれば成功です（図5-18）[注1]。

図5-17　Unity の再起動を促すダイアログ

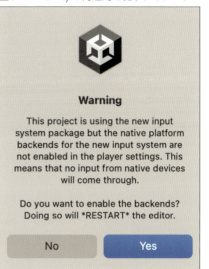

図5-18　パッケージ追加完了時

注1　PolySpatial は随時アップデートされているので、実際に表示されるバージョンはこの画像と異なる可能性があります。

239

パッケージのインポートが完了した段階で「Instance of UnityEditor.XR.VisionOS.VisionOSSettings couldn't be created because there is no script with that name.」のようなエラーが出た場合は、まずプロジェクトを再読み込みしてください。そして、Projectビューでメニューを表示し、[Reimport All]を実行します（図5-19）。

エラーが出なくなったら、PolySpatial用にプロジェクトを設定していきます。上部メニューの［Edit］→［Project Settings］を開き［XR Plug-in Management］の項目に移動します（図5-20）。［Plug-in Providers］の［Apple visionOS］の項目にチェックを入れます。

図5-19 エラー時は[Reimport All]を実行

図5-20 XR Plug-in Management

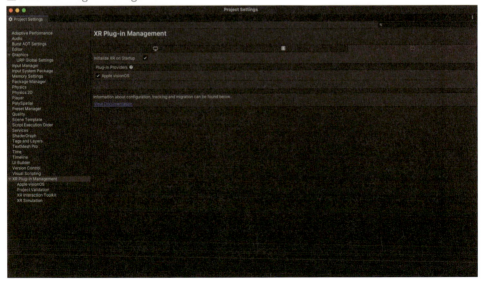

さらに、[Apple visionOS] の項目に移動します。ここでは以下に示すようなアプリケーションの種類とパーミッション文言を指定します（図5-21）。

- [App Mode] には [Mixed Reality - Volume or Immersive Space] を指定
- [Hands Tracking Usage Description] にはハンドトラッキングを用いる際に表示する文言を入力
- [World Sensing Usage Description] にはAR機能を用いる際に表示する文言を入力

App Storeに正式なアプリケーションとして提出する場合、これらの文言が正しく入っていなければリジェクトされる可能性があります。ここではサンプルを動かすだけなので、何かしらの文言が入っていれば問題ありません。

図5-21 App Modeおよびパーミッション文言の設定

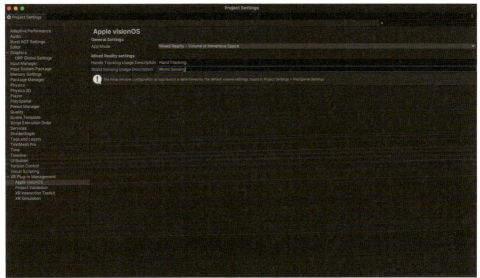

Project Validationを開きます（図5-22）。ここでは自動的にプロジェクト内の設定をvisionOSに最適化してくれます。[Fix All] をクリックして実行します。

図 5-22 Project Validation

これでプロジェクトの準備は完了です。次項で簡単な Volume アプリを作ってみましょう。

▶ 5-3-3　簡単な Volume アプリの作成

まず Volume アプリ用の設定ファイルを作成します。作成したファイルは Resources フォルダに配置するようにします。

Project ビューで右クリックし、[Create]→[Folder]を選択して、Assets 直下に Resources フォルダを作成します。次に Project ビューで右クリックし、[Create]→[PolySpatial]→[Volume Camera Window Configuration]を選択して、設定ファイルを作成します。作成したファイルは先ほど作った Resources フォルダに配置します。

次にシーンの要素を作成します。新規シーンを作成し、VolumeCamera という名前の GameObject を作成します（図 5-23）。ここに Volume Camera コンポーネントを追加します。[Volume Window Configuration]の部分に先ほど作ったファイルの参照を持たせます。[Dimensions]が表示される領域になるので、ここを (1,1,1) にしておきます（図 5-24）。

図5-23　Volume Cameraの作成

図5-24　Volume Cameraの設定

　仮の表示物としてSphere（球体）をScale=0.3のサイズで作成しておきます。SceneView は図5-25の通りです。白い枠線内がvisionOSで描画される領域です[注2]。

図5-25　SceneView内での見た目

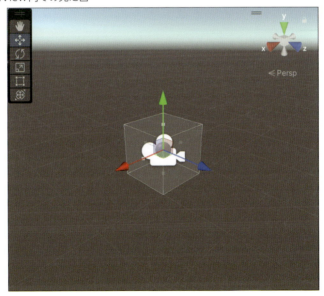

注2　MainCameraはUnity Editorで実行したときのカメラです。visionOSでの描画には反映されません。

この状態でシーンを保存してビルドします。ビルド方法は5-2-3項のWindowアプリと同様です。うまく設定できていればシミュレーター上でSphereが描画されます（図5-26）。

図5-26 Volumeアプリのシミュレーターでの実行例

うまくいかない場合は、プロジェクトの設定、および、UnityのSceneViewで描画範囲である白い枠線部分にSphereが入っているかを確認しましょう。

▶ 5-3-4 サンプルプロジェクト

PolySpatialにはサンプルが用意されています。UnityでvisionOS向けアプリを作成するための重要な機能が収録されているので、このサンプルを見て開発の参考にしましょう。まず、Package Managerの［PolySpatial］に移動し、［Samples］タブを開きます。そこから`Unity PolySpatial Samples`をインポートします（図5-27）。

図5-27　サンプルのインポート

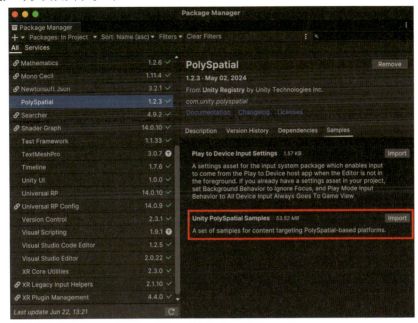

　Assets/Samples/PolySpatial/Scenesにサンプルとなるシーンがインポートされています（図5-28）。

図5-28　サンプルのシーン一覧

　それぞれのシーンは単独で動作しますが、ProjectLauncherを先頭にしてビルドするとvisionOS上で実行しながら、他のサンプルに切り替えることができます（図5-29）。
　これをビルドしてシミュレーターで実行すると、ランチャーが立ち上がり、サンプルの各シーンの挙動を確認できます（図5-30）。

図5-29　サンプルのビルド方法

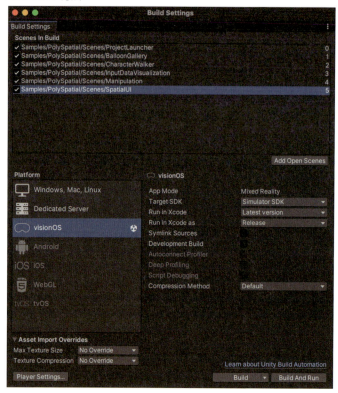

図5-30　サンプルをシミュレーターで実行した例

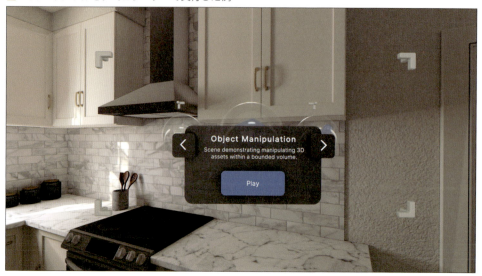

ここからはサンプルで使用しているコンポーネントを見ていきます。まず、物を掴むという動作は、どのようなコンポーネントの連携で実現しているのでしょうか。オブジェクトをタップすると持ち上げて移動できるManipulationシーンを開いて挙動を見ていきます（図5-31）。

図5-31 Manipulation

持ち上げられるほうのオブジェクト（図5-32）には、Box ColliderとRigidbodyがアタッチされています。Box Colliderは当たり判定を、Rigidbodyは物理的な挙動を制御しています。加えて、PieceSelectionBehaviorとVisionOSHoverEffectがアタッチされています。これらはPolySpatial特有のコンポーネントです（図5-33）。

第 5 章　Unity による visionOS アプリ開発

図 5-32　シーン上での Cube の見た目

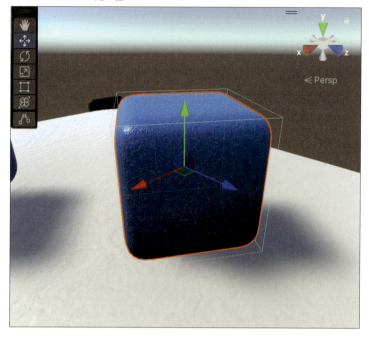

図 5-33　Cube にアタッチされているコンポーネント

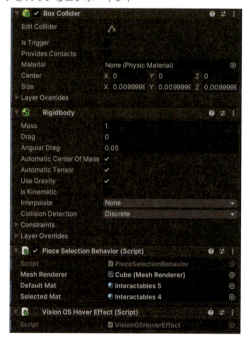

VisionOSHoverEffectコンポーネントはコライダーのあるGameObjectにアタッチして利用し、Apple Vision Proで視線を合わせるとマテリアルの色が変わります。これによって、ユーザーはどのオブジェクトを選択したいのかが明確になります。

入力の制御はManipulationInputManagerコンポーネントで行われます。このコードを書き換えることで、物を掴んで移動させるプログラムを記述できます。コードは土に物を掴む部分と物を移動させる部分に分かれています。では、掴む部分のコードから詳しく見ていきます。

まず、OnEnableメソッドでEnhancedTouchSupport.Enable()を呼び出して、visionOSによる入力を有効化しています。

ManipulationInputManager.cs

```
void OnEnable()
{
    EnhancedTouchSupport.Enable();
}
```

物体へのタッチ情報をTouch.activeTouchesプロパティから取得しています。EnhancedSpatialPointerSupport.GetPointerState(touch);メソッドでタッチしている物体の情報をSpatialPointerStateオブジェクトの構造体で取得できます。またint型のinteractionIdはイベントのIDです。

ManipulationInputManager.cs

```
void Update()
{
    // Touch.activeTouchesですべてのタッチ情報を取得する
    foreach (var touch in Touch.activeTouches)
    {
        SpatialPointerState spatialPointerState = EnhancedSpatialPointerSupport. ↗
GetPointerState(touch);
        int interactionId = spatialPointerState.interactionId;

        // ...省略...
    }
}
```

spatialPointerStateからユーザーの様々な操作情報を取得することができます。例えば、spatialPointerState.Kindにアクセスすると、タッチやピンチなど、ユーザーの指がどんな操作をしているかのステータスを取得できます。他にも、下記のように記述することでタッチしているGameObjectを取得できます。

ManipulationInputManager.cs

```
var pieceObject = spatialPointerState.targetObject;
```

ManipulationシーンではここからTryGetComponent関数を使ってPieceSelectionBehaviorを取得しています。このPieceSelectionBehaviorコンポーネントは対象のオブジェクトが掴まれている状態のときに、マテリアルを変化させたり、Rigidbodyの挙動を変化させたりしています。物を掴んでいる部分のコードを詳しく見てみましょう。

ManipulationInputManager.cs

```
if (pieceObject != null)
{
    // TryGetComponentでPieceSelectionBehaviorを取得する
    if (pieceObject.TryGetComponent(out PieceSelectionBehavior piece) &&
        piece.selectingPointer == -1)
    {
        // 掴んでいる物のTransformを取得する
        var pieceTransform = piece.transform;
        // 手の位置・回転を取得する
        var interactionPosition = spatialPointerState.interactionPosition;
        var inverseDeviceRotation = Quaternion.Inverse(spatialPointerState. ↗
inputDeviceRotation);
        // 回転と位置のオフセットを計算する
        var rotationOffset = inverseDeviceRotation * pieceTransform.rotation;
        var positionOffset = inverseDeviceRotation * (pieceTransform.position - ↗
interactionPosition);
        // SetSelected関数を呼び出し、マテリアルやRigidbodyを変化させる
        piece.SetSelected(interactionId);

        // m_CurrentSelectionsにinteractionIdをKeyとして
        // PieceSelectionBehaviorとOffsetを保管する
        m_CurrentSelections[interactionId] = new Selection
        {
            Piece = piece,
```

5-3　Volumeアプリの作成

```
        RotationOffset = rotationOffset,
        PositionOffset = positionOffset
    };
  }
}
```

　次に移動部分のコードを見てみます。

ManipulationInputManager.cs

```
switch (spatialPointerState.phase)
{
    // Movedのステータスであるとき
    // m_CurrentSelectionsからinteractionIdをKeyにしてselectionを取得する
    case SpatialPointerPhase.Moved:
        if (m_CurrentSelections.TryGetValue(interactionId, out var selection))
        {
            // デバイスの位置と回転をselectionが持っているオフセットに掛け合わせて
            // 現在の物体の位置と回転を計算する
            var deviceRotation = spatialPointerState.inputDeviceRotation;
            var rotation = deviceRotation * selection.RotationOffset;
            var position = spatialPointerState.interactionPosition + deviceRotation * ⏎
selection.PositionOffset;
            selection.Piece.transform.SetPositionAndRotation(position, rotation);
        }

        break;
    // None,Ended,Cancelledのステータスのときは物を離す処理を実行する
    case SpatialPointerPhase.None:
    case SpatialPointerPhase.Ended:
    case SpatialPointerPhase.Cancelled:
        DeselectPiece(interactionId);
        break;
}
```

　物を掴んで移動させる基本的な流れは上記のとおりです。このサンプルを応用することで、オブジェクトを操作するコンテンツが制作できます。入力系の処理を学ぶにはInputDataVisualizationシーンも分かりやすいサンプルです。このシーンは、様々なパラメータが数値で表示されているため、各パラメータの役割を動かしながら学ぶことができます（図5-34）。

図5-34 InputDataVisualization シーン

5-3-5 Play to Device

　ここまでUnityビルド→Xcodeビルドという2回のビルドを必要としていました。これでは変更を加えてからその挙動を確認するまでに時間がかかってしまいます。PolySpatialには「Play to Device」と呼ばれる機能があり、この機能を使えば確認までの時間を短縮できます。具体的にはUnity Editor上で実行したシーンを、そのまま同一LAN内の実機やシミュレーターに反映させる機能です。つまり、Unity Editorで開発をほぼ完結できるのです。では、使い方を見ていきましょう。

　まずPlay to Deviceを使うためのファイルをインポートします。Package Managerの［PolySpatial］に移動し、［Samples］タブから Play to Device Input Settings をインポートします（図5-35）。

図5-35 Play to Device Input Settingsのインポート

このとき`InputSystem.inputsettings`ファイルが作成されます。図5-36に示す警告が出た場合は［Make active］をクリックします。

次に［Window］→［PolySpatial］→［Play to Device］を選択し、Play to DeviceのWindowを開きます（図5-37）。

図5-36 警告が出た場合

図5-37 Play to DeviceのWindow

初期状態では［Connect on Play］が［Disable］なので［Enable］に変更します。これで Unity 側の準備は完了です。次にシミュレーターの準備をします。シミュレーターで実行するためのアプリを以下の URL からダウンロードします。

```
https://drive.google.com/drive/u/0/folders/1ZmWoS6NhrrmvabYia79hlvbyPV1mUN2p
```

ZIP ファイルを展開し、出てきたファイルをシミュレーターにドロップすることでアプリがインストールされます（図5-38）。

図5-38　シミュレーター内でインストール

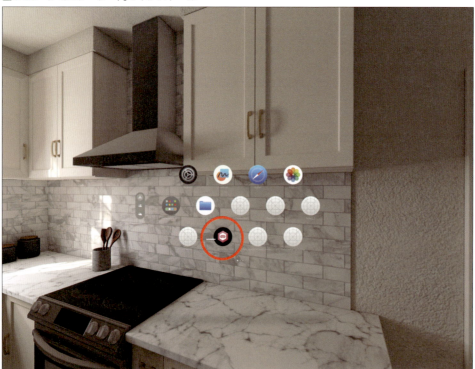

アプリを実行すると待機状態になります（図5-39）。

図5-39 シミュレーター上での待機状態

この状態のままUnity側で再生を開始すると、Unity Editorとシミュレーターで同じ画面を確認できます（図5-40）。Unity Editorでオブジェクトをタップすると、その操作もシミュレーター側に反映されます。

図5-40 Play to Device接続状態

このように、Unity側のオブジェクトの変更がリアルタイムでシミュレーターに反映されるので、確認までにかかる時間を大幅に早くできるでしょう。図5-41は実行しながらCubeを加えた例です。なお、うまく接続できない場合はPlay To DeviceのWindowでシミュレーターや実機がConnect状態かどうか確認しましょう。またUnity側の再生を何度か行うと正しく接続できることもあります。

図5-41 Play to DeviceでUnityと同期

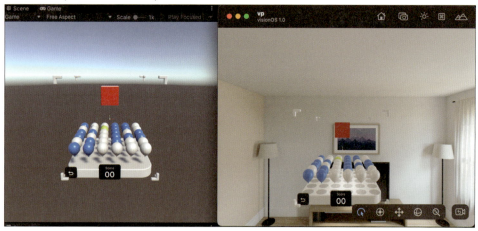

▶ 5-3-6 Bounded VolumesとUnbounded Volumes

PolySpatialを使ってアプリを作る際には「Bounded Volumes」と「Unbounded Volumes」という概念があります。簡単にまとめると表5-1の通りになります。

表5-1 Bounded VolumesとUnbounded Volumesの特徴

種類	特徴
Bounded Volumes	アプリは限られた範囲の中で描画されます。範囲外の部分は描画されません。現実空間内では他のアプリと共存が可能です。
Unbounded Volumes	アプリは空間全体を使って描画されます。そのため他のアプリとの共存が不可能です。

これらの見え方の違いを見ていきましょう。Bounded Volumesにおける描画範囲はVolume Cameraコンポーネントを使って制御します。シーン上にSphereを配置し、VolumeCameraのDimensionsの値を変えて、どのように見た目が変化するか見ていきます。

図5-42 Dimensionsの設定

まず、Dimensionsを(1,1,1)に設定します。範囲内にある1つのSphereしか描画されず、それ以外は描画されません（図5-43）。

図5-43 Dimensionsを(1,1,1)に設定したときのシーン上とシミュレーター上での見た目

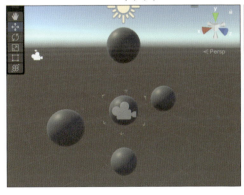

次にDimensionsを(10,10,10)に設定します。範囲内に5つすべてのSphereが描画されましたが、小さく見えます。Dimensionsの値を大きくして全体を描画しようとした結果、カメラを少し引いたような描画になるようです（図5-44）。

図5-44　Dimensionsを(10,10,10)に設定したときのシーン上とシミュレーター上での見た目

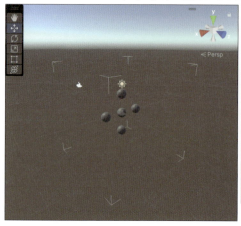

　最後にDimensionsのX、Y、Zの値がすべて同じではない場合を見てみましょう。Dimensionsを(10,5,10)にしてみると描画が歪んでしまいました（図5-45）。相当な理由がない限り、Dimensionsにはすべて同じ値を使うことをおすすめします。

図5-45　Dimensionsを(10,5,10)に設定したときのシーン上とシミュレーター上での見た目

次にUnbounded Volumesの挙動を見ていきましょう。Volume CameraコンポーネントにUnbounded_VolumeCameraConfigurationを設定します（図5-46）。Unbounded Volumesでは、VolumeCameraの位置が初期の描画位置になるため、Z座標に-5を設定してカメラを後ろに引いておきます。この状態でビルドしてvisionOSで実行すると、コンテンツと空間の境目がなくなります。Unbounded Volumesではこのような空間全体を使ったコンテンツが制作可能となります。（図5-47）。

図5-46　カメラ初期位置の設定

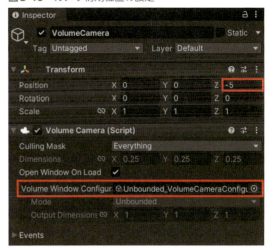

図5-47　シミュレーター上のUnbounded Volumesの見た目

また、Unbounded Volumesには簡易的な平面検知機能があります。この機能によってY座標が0の位置を現実の地面として描画し、床面にオブジェクトを配置する表現が可能です。この挙動を確認してみます。Unity標準のCubeオブジェクトを床面に配置するには、図5-48のようにY座標に0.5を入力します（図5-48）。

図5-48　シーン上での配置方法と見た目

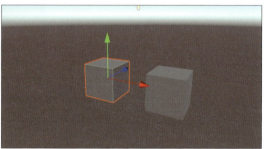

シミュレーターで実行してみると床とCubeが一致していることが分かります。つまり、Unbounded Volumesをうまく使うことで、平面にオブジェクトを接地させたコンテンツを作成できます。

図5-49　Unbounded Volumesのシミュレーター実行例

5-3-7　SwiftUIとの連携

PolySpatial SDK 1.1.4以降からSwiftUIと連携するサンプルが追加されました。このサンプルを応用することで、Unityだけでは実現できないUIの挙動や表現を、SwiftUIによって実現できます。

図5-50　SwiftUIの例

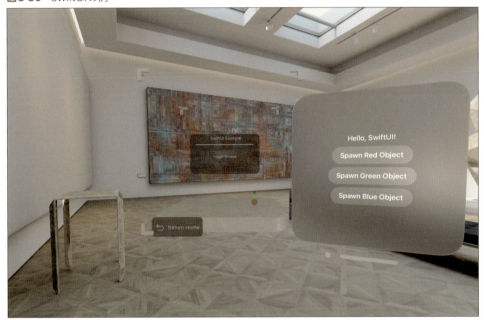

図5-50に示したサンプルではUnity側のシーンにある［Toggle Window］ボタンをタップするとSwiftのWindowが表示されます。Swift側のWindow内のボタンをタップすると、Unity側でオブジェクトが生成される仕組みです。

このサンプルは表5-2に示すスクリプトで構成されています。

表5-2　サンプルを構成するスクリプト

言語	スクリプト名	役割
Swift	SwiftUISamplePlugin.swift	SwiftからのC#側に伝えます。
Swift	HelloWorldContentView.swift	SwiftUIを構成します。
Swift	SwiftUISampleInjectedScene.swift	SwiftのWindowを構成します。
C#	SwiftUIDriver.cs	Swiftからの命令を受け取って、命令に応じたオブジェクトを生成します。

第 5 章　Unity による visionOS アプリ開発

　Swift 側では HelloWorldContentView の View で各ボタンに応じた CallCSharpCallback 関数を呼び出しています。なお、CallCSharpCallback 関数は SwiftUISamplePlugin.swift に定義されています。

HelloWorldContentView.swift

```swift
struct HelloWorldContentView: View {
    var body: some View {
        VStack {
            Text("Hello, SwiftUI!")
            Button("Spawn Red Object") {
                CallCSharpCallback("spawn red")
            }
            Button("Spawn Green Object") {
                CallCSharpCallback("spawn green")
            }
            Button("Spawn Blue Object") {
                CallCSharpCallback("spawn blue")
            }
        }
        .onAppear {
            // UnityFramework内のSwiftUISamplePluginで定義されたpublic関数を呼び出す
            CallCSharpCallback("appeared")
        }
    }
}
```

　これを C# 側（Unity 側）の CallbackFromNative 関数で受け取ります。なお、Swift からのコールバックを受け取るのは static 関数で、かつ MonoPInvokeCallback 属性を付与する必要があります。static 関数なので、インスタンス化された自クラスの Spawn 関数を呼び出すことができません。そのためこのサンプルでは、Object.FindFirstObjectByType 関数を利用して自クラスのインスタンスを取得したのちに、Spawn 関数を呼んでいます。Swift 側からのコールバックは CallbackFromNative 関数を経て string 型で渡ってきます。CallbackFromNative 関数内ではその文字列に応じた処理を行うように実装されています。

262

SwiftDriver.cs

```
[MonoPInvokeCallback(typeof(CallbackDelegate))]
static void CallbackFromNative(string command)
{
    Debug.Log("Callback from native: " + command);

    // Object.FindFirstObjectByTypeを使って自クラスのインスタンスを取得
    var self = Object.FindFirstObjectByType<SwiftUIDriver>();

    if (command == "closed") {
        self.m_SwiftUIWindowOpen = false;
        return;
    }

    self.SetText(command);

    // 文字列に応じた色のオブジェクトを生成
    if (command == "spawn red")
    {
        self.Spawn(Color.red);
    }
    else if (command == "spawn green")
    {
        self.Spawn(Color.green);
    }
    else if (command == "spawn blue")
    {
        self.Spawn(Color.blue);
    }
}
```

　このサンプルをもとにSwiftUIとUnityの連携を試すには、HelloWorldContentView
を書き換えてSwiftUIを変更し、SwiftUIDriverクラスを書き換えてUnity側の挙動を確
認するところから始めてみるとよいでしょう。なおスクリプトのファイル名やファイル
パスを変える際に注意点があります。シーンを構成するSwiftUISampleInjectedScene.
swiftのファイル名はかならずInjectedScene.swiftで終わる、またはSwiftAppSupport
フォルダ配下に配置する必要があります。このファイルの規則に従わない場合、Xcode
プロジェクトにSwiftファイルが出力されず、ビルドエラーになってしまいます。

▶ 5-3-8 サンプルARアプリの挙動を見る

5-3-4項でインポートしたサンプルの中には、いくつかのARアプリ（= ARKitを使ったアプリ）が含まれています。これらはシミュレーターでは動かすことができず、実機が必要です。MixedRealityシーンはARアプリで、大きく分けて2つの機能が実装されています。1つはユーザーの手を認識して各関節の情報を表示する機能です（図5-51）。また、タップの動きをするとその場にCubeやSphereを生成します。

図5-51 ハンドトラッキングの例

もう1つは壁や床を認識する機能です（図5-52）。こちらには認識した壁や床が、机なのか窓なのかなどをラベリングする機能も実装されています。

図5-52 平面検知の例

5-3 Volume アプリの作成

　手のボーン情報の表示はHandVisualizerクラスで行われています。このクラス内では
XRHandSubsystemのインスタンスから取得できるXRHandクラスを経由して各関節の情報
を得ています。このクラスの実装は細かいため、書き換えるよりは生成するPrefabを差
し替えるほうが簡単に使用できます。また、タップするとオブジェクトを生成する機能
はPinchSpawnクラスに実装されています。PinchSpawnクラスの実装はシンプルなので、
書き換えて応用することが簡単です。

HandVisualizer.cs

```
void Update()
{
    if (!CheckHandSubsystem())
        return;

    var updateSuccessFlags = m_HandSubsystem.TryUpdateHands(XRHandSubsystem. ↗
UpdateType.Dynamic);

    if ((updateSuccessFlags & XRHandSubsystem.UpdateSuccessFlags.RightHandRootPose) ↗
!= 0)
    {
        // 人差し指の先端を示すオブジェクトを取得
        m_RightIndexTipJoint = m_HandSubsystem.rightHand.GetJoint(XRHandJointID. ↗
IndexTip);
        // 親指の先端を示すオブジェクト取得
        m_RightThumbTipJoint = m_HandSubsystem.rightHand.GetJoint(XRHandJointID. ↗
ThumbTip);

        DetectPinch(m_RightIndexTipJoint, m_RightThumbTipJoint, ref ↗
m_ActiveRightPinch, true);
    }

    // ...左手の処理は省略...
}
```

以下の部分で人差し指と親指の先端を取得しています。

第 5 章　Unity による visionOS アプリ開発

HandVisualizer.cs

```
m_RightIndexTipJoint = m_HandSubsystem.rightHand.GetJoint(XRHandJointID.IndexTip);
m_RightThumbTipJoint = m_HandSubsystem.rightHand.GetJoint(XRHandJointID.ThumbTip);
```

DetectPinch 関数内で人差し指と親指の距離を計算し、その距離が近くなったときに（m_ScaledThreshold 以下になったときに）オブジェクトの生成を行っています。

HandVisualizer.cs

```
void DetectPinch(XRHandJoint index, XRHandJoint thumb, ref bool activeFlag, bool right)
{
    var spawnObject = right ? m_RightSpawnPrefab : m_LeftSpawnPrefab;

    if (index.trackingState != XRHandJointTrackingState.None &&
        thumb.trackingState != XRHandJointTrackingState.None)
    {
        Vector3 indexPOS = Vector3.zero;
        Vector3 thumbPOS = Vector3.zero;

        if (index.TryGetPose(out Pose indexPose))
        {
            // 人差し指の位置をカメラからの相対位置に変換
            indexPOS = m_PolySpatialCameraTransform.InverseTransformPoint(indexPose. ⏎
position);
        }

        if (thumb.TryGetPose(out Pose thumbPose))
        {
            // 親指の位置をカメラからの相対位置に変換
            thumbPOS = m_PolySpatialCameraTransform.InverseTransformPoint(thumbPose. ⏎
position);
        }

        // 距離を算出
        var pinchDistance = Vector3.Distance(indexPOS, thumbPOS);

        // 距離と閾値を比較
        if (pinchDistance <= m_ScaledThreshold)
        {
            if (!activeFlag)
            {
```

266

```
            // オブジェクトを生成
            Instantiate(spawnObject, indexPOS, Quaternion.identity);
            activeFlag = true;
        }
    }
    else
    {
        activeFlag = false;
    }
  }
}
```

なお、m_PolySpatialCameraTransformにはVolumeCameraがアタッチされており、このカメラ位置をもとに指の位置を算出しています。

次に平面検知の機能を見ていきます。平面検知はAR Plane Manager（図5-53）とAR Mesh Manager機能で実現されています。これらは元々モバイルAR開発などに使用されているAR Foundationに備わっていた機能です。

AR Plane Managerは現実空間で認識した平面にAR Default Planeを設置します。AR Default Plane PrefabにはAR PlaneとPlaneDataUIスクリプトが

図5-53　AR Plane Manager

アタッチされています。PlaneDataUIはPolySpatial Sampleのスクリプトであり、AR Planeから取得したclassification、つまり、平面のカテゴリ（Wall、Window、Deskなど）を表示しています。また、平面が水平であるか垂直であるかを示すalignmentの情報も表示できます。

PlaneDataUI.cs

```
using TMPro;
using UnityEngine;
```

```
#if UNITY_INCLUDE_ARFOUNDATION
using UnityEngine.XR.ARFoundation;
#endif

namespace PolySpatial.Samples
{
#if UNITY_INCLUDE_ARFOUNDATION
    [RequireComponent(typeof(ARPlane))]
#endif
    public class PlaneDataUI : MonoBehaviour
    {
        [SerializeField]
        TMP_Text m_AlignmentText;

        [SerializeField]
        TMP_Text m_ClassificationText;

#if UNITY_INCLUDE_ARFOUNDATION
        ARPlane m_Plane;

        void OnEnable()
        {
            m_Plane = GetComponent<ARPlane>();
            m_Plane.boundaryChanged += OnBoundaryChanged;
        }

        void OnDisable()
        {
            m_Plane.boundaryChanged -= OnBoundaryChanged;
        }

        void OnBoundaryChanged(ARPlaneBoundaryChangedEventArgs eventArgs)
        {
            m_ClassificationText.text = m_Plane.classification.ToString();
            m_AlignmentText.text = m_Plane.alignment.ToString();

            transform.position = m_Plane.center;
        }
#endif
    }
}
```

AR Mesh Managerは認識した現実世界の環境を表すメッシュジオメトリを作成します（図5-54）。Mesh Prefabに設定したPrefab内のマテリアルが床や壁として描画されます（図5-55）。このマテリアルを変えることでメッシュの見た目を変えることができます。

図5-54　AR Mesh Manager

図5-55　Mesh Prefabの構成

5-4　Spaceアプリの作成

執筆時点（2024年2月時点）ではSpaceアプリ（VRアプリ）は正しく動作していないので、インストール方法までの解説にとどめます。visionOS用の設定を一通り済ませた後、Package Managerの［Apple visionOS XR Plugin］に移動し、［Samples］タブから［VR Sample - URP］をインポートします（図5-56）。

図5-56　VR Sampleのインポート

　Samples/Apple visionOS XR Plugin/1.0.3/VR Sample - URP/Scenes/内にサンプルシーンがあるのでこれをビルドします。Spaceアプリとしてビルドするために、[Project Settings] → [XR Plug-in Management] → [Apple visionOS] 内にある [App Mode] の設定を [Virtual Reality - Fully Immersive Space] に変更する必要があります（図5-57）。

図5-57　VRアプリの設定

　VRアプリについてはWWDC23で紹介されているので、以下のURL先の動画を見るとより深く知ることができます。

```
https://developer.apple.com/videos/play/wwdc2023/10093/
```

5-5 簡単なゲームアプリを作ってみる

最後にこれまでの内容を踏まえて簡単なゲームを作ってみましょう（図5-58）。ここでは敵をタップして倒すシューティングゲームを作ってみます。

図5-58 サンプルゲームのスクリーンショット

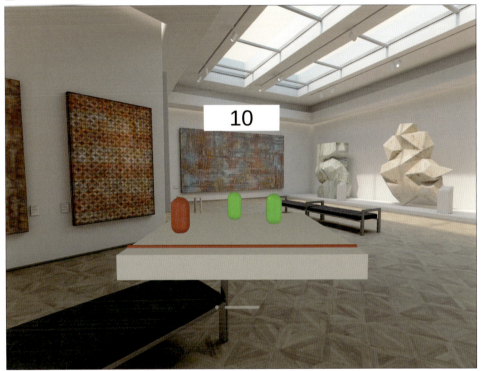

なお、完成プロジェクトは以下のリンクからダウンロードできます。

```
https://github.com/ghmagazine/AppleVisionPro_app_book_2024/tree/main/
ch5_unity_app_sample_game
```

ゲームフローは図5-59の通りです。画面は**開始前画面・ゲーム中（InGame）・リトライ画面**で構成されています。ゲームが始まると敵がこちらに進んできて、タップすると倒すことができます。倒した敵の数はUIに表示します。敵が赤線を超えてしまったらゲームオーバーです。

図5-59 ゲームフロー

1. Tap to Start でゲーム開始

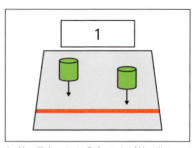
2. 敵に見立てたオブジェクトが前に進んでくる
   タップすると倒せる

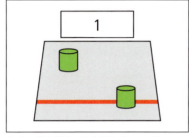
3. 赤い線を超えてしまうと Game Over

4. Retry をタップして 1 に戻る

このゲームを構成するために、ゲーム独自のスクリプトとして表5-3に示す4つを用意します。

表5-3 ゲームを構成するスクリプトの概要

クラス名	役割
GameManager	ゲーム全体の制御をします。敵やUIをタップしたかどうかの判定もここで行います。
SpawnController	敵の生成を制御します。
UIController	UIに表示する内容を制御します。
Enemy	敵の動きを制御します。赤線を超えたかどうかの判定もここで行います。

各ソースコードを示します。

GameManager.cs

```
using System.Collections.Generic;
using Unity.PolySpatial.InputDevices;
using UnityEngine;
```

5-5 簡単なゲームアプリを作ってみる

```csharp
using UnityEngine.InputSystem.EnhancedTouch;
using UnityEngine.InputSystem.LowLevel;
using Touch = UnityEngine.InputSystem.EnhancedTouch.Touch;

/// <summary>
/// ゲーム全体の制御
/// </summary>
public class GameManager : MonoBehaviour
{
    [SerializeField] SpawnController spawnController;
    [SerializeField] UIController uiController;

    enum State
    {
        Title,
        InGame,
        GameOver
    }
    State state = State.Title;

    int score = 0;

    void Start()
    {
        EnhancedTouchSupport.Enable();
    }

    void Update()
    {
        CheckTouch();
    }

    void CheckTouch()
    {
        foreach (var touch in Touch.activeTouches)
        {
            var spatialPointerState = EnhancedSpatialPointerSupport. ↗
GetPointerState(touch);

            if (spatialPointerState.Kind == SpatialPointerKind.Touch)
                continue;

            var pieceObject = spatialPointerState.targetObject;
```

273

```csharp
        if (pieceObject != null)
        {
            switch (this.state)
            {
                case State.Title:
                    // タップしたオブジェクトがStartButtonだったらInGameに進める
                    if(pieceObject.name == "StartButton")
                    {
                        StartGame();
                    }
                    break;
                case State.InGame:
                    // タップしたオブジェクトが敵だったらスコアを加算する
                    if (pieceObject.TryGetComponent<Enemy>(out var enemy))
                    {
                        if (enemy.IsDead == false)
                        {
                            enemy.Death();
                            this.score++;
                            this.uiController.SetScore(this.score);
                        }
                    }
                    break;
                case State.GameOver:
                    // タップしたオブジェクトがRetryButtonだったらシーンをロード ⏎
し直して最初に戻る
                    if (pieceObject.name == "RetryButton")
                    {
                        UnityEngine.SceneManagement.SceneManager.LoadScene(0);
                    }
                    break;
                default:
                    Debug.LogWarning("Unknown State:" + this.state);
                    break;
            }
        }
    }

    /// <summary>
    /// ゲーム開始時処理
    /// </summary>
    void StartGame()
```

5-5 簡単なゲームアプリを作ってみる

```
    {
        this.spawnController.StartSpawn();
        this.uiController.VisibleTitle(false);
        this.uiController.VisibleScore(true);
        this.state = State.InGame;
    }

    /// <summary>
    /// ゲームオーバーにする(Enemyから呼ばれる)
    /// </summary>
    public void GameOver()
    {
        if(this.state == State.InGame)
        {
            this.spawnController.StopSpawn();
            this.uiController.VisibleGameOver(true);
            this.state = State.GameOver;
        }
    }
}
```

　GameManagerではタップを起点としてゲーム全体の制御を行っています。ベースとして参考にしたのは、5-3-4項で紹介したManipulationシーンにおける入力を取得する方法です。var pieceObject = spatialPointerState.targetObject; でタップしたGameObjectを取得し、その名前やコンポーネントの種類で処理を分けています。また、Stateを定義することでゲーム全体の状態遷移の制御も行っています。

SpawnController.cs

```
using System.Collections;
using System.Collections.Generic;
using UnityEngine;

/// <summary>
/// 敵生成の制御クラス
/// </summary>
public class SpawnController : MonoBehaviour
{
    [SerializeField] Enemy[] enemyPrefabs;
    [SerializeField] Transform spawnPoint;
```

```csharp
float elapsedTime = 0f;
float nextSpawnTime = 2f;

bool isSpawn = false;

/// <summary>
/// 敵の生成を開始する
/// </summary>
public void StartSpawn()
{
    this.isSpawn = true;
    SpawnEnemy();
}

/// <summary>
/// 敵の生成を止める
/// </summary>
public void StopSpawn()
{
    this.isSpawn = false;
}

// Update is called once per frame
void Update()
{
    if (this.isSpawn)
    {
        SpawnEnemyUpdate();
    }
}

void SpawnEnemyUpdate()
{
    // 経過時間を加算する
    this.elapsedTime += Time.deltaTime;
    if (this.elapsedTime < this.nextSpawnTime)
    {
        return;
    }

    SpawnEnemy();
}
```

```csharp
    void SpawnEnemy()
    {
        var enemy = Instantiate(this.enemyPrefabs[Random.Range(0, this.enemyPrefabs. ⏎
Length)]);
        // SpawnPointの-2.0～2.0 X座標をランダムに生成させる
        enemy.transform.position = this.spawnPoint.position + Random.Range(-2f, 2f) * ⏎
Vector3.right;

        // SpawnControllerのインスタンスを渡す
        enemy.Initialize(this);

        this.elapsedTime = 0f;
    }

    /// <summary>
    /// 敵を倒したことを通知する
    /// </summary>
    public void DeathDetected()
    {
        SpawnEnemy();

        // 5%ずつ生成速度が上がる
        // ただし0.2sec未満にはならない
        this.nextSpawnTime = Mathf.Max(0.2f, this.nextSpawnTime * 0.95f);
    }
}
```

　SpawnControllerでは敵の生成を制御しています。敵の生成は、時間経過によるものと敵が倒されたコールバックを契機とする2パターンあります。敵を倒すと生成時間が短くなり、徐々に難易度が上がる設計です。

UIController.cs

```csharp
using System.Collections;
using System.Collections.Generic;
using UnityEngine;
using TMPro;

/// <summary>
/// UIの制御
/// </summary>
public class UIController : MonoBehaviour
```

```csharp
{
    [SerializeField] GameObject startButton;
    [SerializeField] GameObject scoreObject;
    [SerializeField] GameObject gameOverObject;
    [SerializeField] TextMeshProUGUI scoreText;

    /// <summary>
    /// タイトル画面の表示非表示
    /// </summary>
    /// <param name="visible"></param>
    public void VisibleTitle(bool visible)
    {
        this.startButton.SetActive(visible);
    }

    /// <summary>
    /// スコアの表示非表示
    /// </summary>
    /// <param name="visible"></param>
    public void VisibleScore(bool visible)
    {
        this.scoreObject.SetActive(visible);
    }

    /// <summary>
    /// スコアの設定
    /// </summary>
    /// <param name="score"></param>
    public void SetScore(int score)
    {
        this.scoreText.text = score.ToString();
    }

    /// <summary>
    /// ゲームオーバー表示
    /// </summary>
    /// <param name="visible"></param>
    public void VisibleGameOver(bool visible)
    {
        this.gameOverObject.SetActive(visible);
    }
}
```

UIControllerはゲーム内のUIを制御します。表示物のON/OFFをしたり、スコア表示を更新したりするだけなので、このクラスはロジックを持ちません。

Enemy.cs

```csharp
using System.Collections;
using System.Collections.Generic;
using UnityEngine;

/// <summary>
/// 敵の制御
/// </summary>
public class Enemy : MonoBehaviour
{
    /// <summary>
    /// すでに倒されているかどうか
    /// </summary>
    public bool IsDead { get; private set; }

    SpawnController spawnController;

    /// <summary>
    /// 初期化
    /// </summary>
    public void Initialize(SpawnController spawnController)
    {
        this.spawnController = spawnController;
    }

    // Update is called once per frame
    void Update()
    {
        if (this.IsDead)
        {
            return;
        }

        // 前に進ませる(前がzマイナス方向なのでVector3.backを使っている)
        this.transform.localPosition += Vector3.back * Time.deltaTime;

        if(this.transform.localPosition.z < -2f)
        {
            var gameManager = FindObjectOfType<GameManager>();
```

```
            gameManager.GameOver();
        }
    }


    public void Death()
    {
        this.IsDead = true;
        this.spawnController.DeathDetected();

        // 倒されたアニメーションを再生
        StartCoroutine(ScaleDown());
    }

    /// <summary>
    /// 小さくなるアニメーション
    /// </summary>
    /// <returns></returns>
    IEnumerator ScaleDown()
    {
        var startScale = this.transform.localScale;
        var scale = 1f;
        while (scale > 0f)
        {
            this.transform.localScale = scale * startScale;

            // 1フレーム待つ
            yield return null;

            scale -= 0.02f;
        }

        Destroy(this.gameObject);
    }
}
```

　EnemyはUpdate関数で徐々に前に向かっていきます。Death関数が呼ばれたときは、SpawnControllerクラスに倒されたことを通知すると同時に、小さくなるアニメーションをしてからDestroy(this.gameObject);でGameObject自体を消しています。また、赤いラインを超えたときはGameManagerクラスにGameOverの通知を送っています。

次にシーンの構成を見ていきます（図5-60、図5-61）。

図5-60 ゲームの構成 (SceneView)

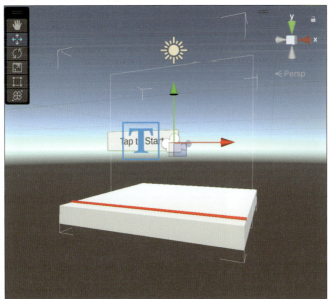

図5-61 ゲームの構成
　　　　　（Hierarchy）

主に以下の要素で構成されています。

- GameManager：ゲーム全体を制御する
- Stage：敵が現れるステージ
- Canvas：UIを表示する
- VolumeCamera：描画範囲を指定する

また、敵のオブジェクトはPrefabで作成し、都度生成しています。このEnemyのPrefabの構成は図5-62の通りです。Capsuleのスケールを変えて作成しています。そして、EnemyとVision OS Hover Effectのスクリプトをアタッチしています。このEnemyのPrefabは色を変えていくつか種類を作っておきます。今回は3つ作りました。

Stageの設定を図5-63に示します。StageはCubeのスケールを変えて作っています。また、赤線のLineオブジェクトはCylinderのスケールを変えて作っています（図5-64）。なお、マテリアルはBaseMapを赤にしています。SpawnPointは敵が生成位置の基準となるオブジェクトです。今回は(0,1.4,0.48)の位置に置いています。

281

図5-62 敵の設定

図5-63 Stageの設定

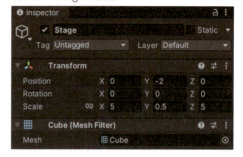

図5-64 Lineの設定

　GameManagerのオブジェクトにはGameManagerのスクリプトとSpawnControllerのスクリプトをアタッチしています。また、各参照は図5-65の通りです。Enemy Prefabsには今回作った3つのEnemyのPrefabをアタッチしています。

最後にUIは図5-66の通り構成されています。CanvasはRender ModeをWorld Spaceに設定する必要があります。また、各ボタンにはBox Colliderを設定してタップが効く設定にしておきます。

図5-65　GameManagerの設定

図5-66　UIの設定

ここまでできたらUnity Editor上で実行して問題なく動くか確認します。何か不具合がある場合は、SerializeFieldの参照が外れていないか、必要なスクリプトがアタッチされているかといった点をチェックしましょう。うまく完成したら、サウンドをつけたり、敵をCapsuleではなくアニメーションつきのモデルにしてみたり、色々とオリジナリティを追加してみるとよいでしょう。

図5-67　ゲームオーバー画面

5-6　本章のまとめ

　本章ではUnityでvisionOSアプリを制作できるPolySpatial SDKの使用方法についてまとめました。Unityを使用することでゲームやインタラクション性の高いアプリが作りやすくなるでしょう。また、PolySpatial SDKも随時アップデートされているのでvisionOSに搭載された新機能が使えるようになったり、制作がやりやすくなったりしていくことでしょう。今後もPolySpatial SDKのアップデートに期待します。

第6章 PolySpatialによる Unityプロジェクトの移植

比留間 和也

　本章では、筆者が所属する株式会社MESONで開発したUnityプロジェクトにPolySpatialを導入し、visionOS向けに移植を行ったときに遭遇した問題を中心に紹介します。これからPolySpatialを用いたUnityプロジェクトの移植を考えている読者の道標になれば幸いです。

　図6-1は移植したプロジェクトをApple Vision Proで実際に動かしたときのイメージです。

　移植に挑戦したのは、MESONと株式会社博報堂ＤＹホールディングス様との共同研究の一環で開発してきた「Spatial Message」というプロジェクトです。このプロジェクトは、空間にメッセージを残すというコンセプトで制作されました。メモリアルなイベントのときにユーザーが投稿した思いを空間に保存でき、あとから読み返すこともできます。関係者内では、このような体験を身近な例を用いて「絵馬的コミュニケーション」と呼んでいます。図6-1を見ると分かるように青空と相性がよく、巨大な文字でできた文字柱を見上げるとなんともいえない感動を味わうことができ、色々な人が投稿したメッセージに思いを馳せて想像がふくらむコンテンツとなっています。

　元々はXREALというARグラス向けに開発していましたが、現在発売されているARグラスは比較的視野が狭く、ARコンテンツの全体像が捉えづらいという課題がありました。一方、Apple Vision Proは視野角が広く、文字柱全体を捉えることができたため、体験のインパクトが増したといえます。

図6-1 プロジェクトイメージ

6-1　PolySpatialのサポート状況の把握

　執筆時点（2024年3月）のPolySpatialのバージョンは1.1.4です。現状ではすべてのUnityの機能がvisionOS上で動作するわけではありません。そのため、既存プロジェクトの多くの機能は移植できないか、または移植のために作り変える必要があるかもしれません。

　サポート状況は公式のドキュメントで確認できるので、移植を検討しているプロジェクトがあれば、使用している機能を事前にチェックすることをおすすめします。

- **Supported Unity Features & Components**
  https://docs.unity3d.com/Packages/com.unity.polyspatial.visionos@1.1/manual/SupportedFeatures.html

　前述の通りサポート状況は限定的です。基本的な機能のほとんどは動作しますが、ゲーム制作などで一般的によく使われる機能であっても未対応のものもあります。そのため、本節では、よく使われていそうだがまだサポートされていない機能について紹介します。ただし、個人的に注意したほうがよいと思われる機能に絞っており、網羅的に紹介して

いるわけではありません。開発に着手する前には、かならずサポート状況を確認してください[注1]。

▶ 6-1-1　未対応の機能・注意が必要な機能

以下に挙げる機能は、未対応、あるいは部分的な対応のため注意が必要です。

- **Spatial Audio**

  いわゆる空間オーディオです。Apple Vision Proは高性能な空間オーディオを搭載していますが、PolySpatialでのサポートは限定的です。Swiftで実装できる空間オーディオとは異なるため、音源が重要なコンテンツの場合は注意が必要でしょう。

- **Terrain**

  地形を簡単に作成するツールです。執筆時点では「Experimental support」と記載があり、サポートは実験的です。コンテンツの主要な部分がTerrainで構築されている場合は注意してください。

- **SkinnedMeshRenderer**

  アニメーションに必須の機能です。キャラクターなどのアニメーションは問題なく再生できますが、ドキュメントには「Unoptimized animation only」と記載があり、最適化をオンにしたアニメーションには未対応です。アニメーションの最適化は、Unity内部におけるボーン情報の扱いと関連するため、この部分が未対応だと考えられます。

- **Line Rendering**

  CGコンテンツで、銃弾の軌跡のようなラインを表現する際によく使われるLine Rendererは完全に未サポートです。ライン表現を多用している場合は自作する必要があります。

- **Visual Effect Graph**

  VFX Graph (Visual Effect Graph) も執筆時点では未サポートです。GPUを利用して大量のパーティクルを利用した表現は制限されるので、ゲーム系のコンテンツでVFXを多用している場合は移植が困難になるかもしれません。

注1　どうしてもPolySpatialだけでは対応できない機能を導入しなければならない場合は、「6-6　SwiftUI連携の利用」で対処できるか検討するとよいでしょう。SwiftUI連携とは、SwiftコードをUnityプロジェクトにインポートし、SwiftUIと連携するための機能です。Swiftと連携できるということは、つまりvisionOSが提供している機能をそのまま利用できるということです。とはいえ、C#と連携するための実装が必要となり、コードが複雑になってしまうので最終手段として考えておくとよいでしょう。

- **Particle System / Trail Renderer**
  Particle Systemもすべての機能を利用できるわけではありません。Train Rendererも内部では同じ仕組みに変換されるのか、ドキュメント上では利用できる範囲についての言及が同じページを参照しています。パーティクルシステムは、visionOSで用意されている **ParticleEmitterComponent** 機能に変換されます。言い換えると、visionOSが用意しているパーティクルシステム以外には対応できないことを意味します。ドキュメントを見てもらうと、多くの機能が「Partially supported（一部サポート）」となっているため注意が必要です。
- **TextMesh Pro**
  UIのテキスト表現で定番のTextMesh Proも「Partially Supported」となっており、SDF（Signed Distance Field）のみのサポートとなっています。

▶ 6-1-2　未サポートの機能の検知

　PolySpatialでは、未サポートの機能を検知し、インスペクター上にワーニングを表示します（図6-2）。また、Hierarchy上のオブジェクト名の横にもワーニングアイコンが表示されるので、問題のあるコンポーネントが使われていればすぐに気づくことができます（図6-3）。

図6-2　インスペクター上のワーニングアイコン

図6-3　Hierarchy上のワーニングアイコン

　サポート状況を確認し、移植の可能性が見えたら、いよいよ移植作業の開始です。筆者自身が移植を行った過程に触れながら、注意点や問題点の回避策などを紹介します。

6-2 既存プロジェクトにPolySpatialをセットアップ

本節では、既存プロジェクトにPolySpatialをセットアップしていきます。インストールから、AR向けのシーン設定、ビルドしてチェックする方法までを解説します。

▶ 6-2-1 インストールとサポート機能

まずはプロジェクトにPolySpatialを導入します。PolySpatial自体の導入の具体的な方法については第5章を参照してください。既存プロジェクトへの導入方法も変わりありません。

既存プロジェクトの場合、visionOS向けの**サポート機能**は開発者自ら利用しているUnity Editorにインストールすることになります。

図6-4はサポート機能が未インストールの状態です。インストールされていれば赤枠のあたりに「visionOS」という記載が確認できます。

図6-4 visionOSが未インストールの状態

右上の歯車アイコンから [Add module] を選択し、[visionOS Build Support] を選択してインストールします (図6-5)。

第 6 章　PolySpatial による Unity プロジェクトの移植

図6-5　[visionOS Build Support] を選択する

インストール後、プロジェクトのPlatformを [visionOS] に変更します（図6-6）。

図6-6　Platformを [visionOS] に変更する

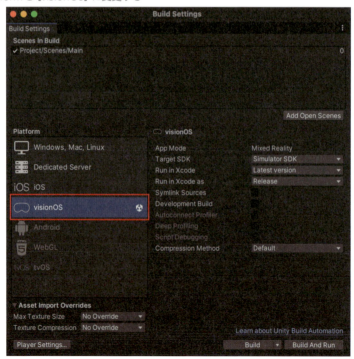

▶ 6-2-2　Validatorのチェック

　PolySpatialを導入して、[Project Settings] → [XR Plug-in Management] を選択すると、[Project Validation] という項目が表示されます。これを利用してプロジェクトのバリデーションを行います。

　エラーを確認したら、[Fix] ボタンを押して修正内容を適用します。ワーニングは直接的に問題を起こさない可能性もあり、開発プロジェクトとワーニングの内容によって判断することになるため、詳細についてはここでは触れません。修正内容を取り込んだことで問題が起きたら改めて見直してください。修正内容の適用を適宜行うと、「勝手に変換されてしまって、もとの状態が分からない」という状況を避けることができます。

　また [Edit] ボタンを押下すると、対象の設定画面に自動的にジャンプして編集できます。

図6-7　Project Validationを使って問題を修正する

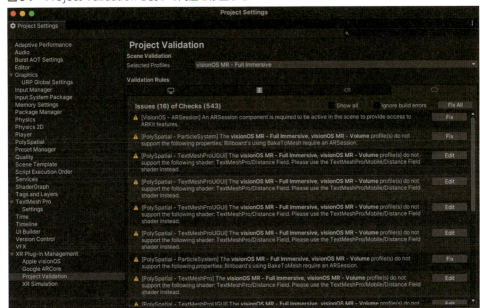

第6章　PolySpatialによるUnityプロジェクトの移植

6-2-3　AR向けのシーン設定

まずMain CameraをXR用に置き換えます。カメラを右クリックし、メニューの［XR］→［Convert Main Camera To XR Rig］を選択すると変換できます（図6-8）[注2]。

図6-8　Main CameraをXR Rigに変換

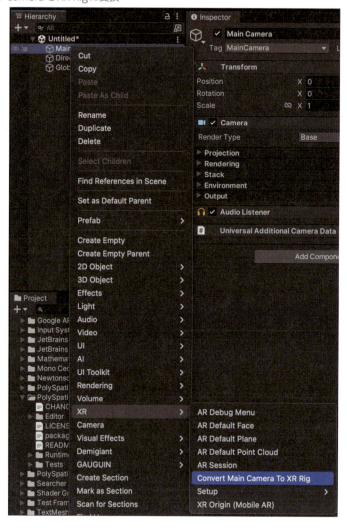

注2　XREALやQuest向けプロジェクトの場合は、専用のCamera Rigを利用していると思うので、それらを削除し、Hierarchyの［+］ボタンから［XR］→［XR Origin (Mobile AR)］を選択して追加することで置き換えられます。Camera Rigにプロジェクト固有のコンポーネントがアタッチされている場合は、適宜設定し直してください。

次に、シーン内にAR Sessionコンポーネントを配置します。Hierarchyの［＋］ボタンから［XR］→［AR Session］を選択して追加します（図6-9）。

図6-9 AR Sessionコンポーネントをシーンに追加する

以上でセットアップは終わりです。以後は既存プロジェクトの調整を行っていきます。

6-2-4 ビルドによるチェック

まずは現時点でビルドしてみましょう。Unity Editor上で正常に表示されていても、いざApple Vision Proで見ると意図した通りに表示されないことがあります。特にシェーダー関連の見た目には注意してください。

実際に本プロジェクトで使用していたパーティクルをビルドして表示したものが図6-10と図6-11です。

図6-10はUnity Editor上での表示、図6-11はシミュレーター向けにビルドして表示したものです。

図6-10 Unity Editor上での表示

図6-11 visionOSシミュレーター上での表示

Unity Editor上では正常に文字が見えていますが、シミュレーター上ではただの四角になってしまっています。パーティクルには、TextMesh Proが提供するマテリアルを、機能を変更することなくそのまま設定しています。

このように、Unity Editor上では問題がないように見えても、シミュレーターおよびApple Vision Proでは意図した見た目にならないことは多いでしょう。まずはビルドして状況を確認することをおすすめします。

6-3 既存プロジェクトの移植で起きる問題と解決方法

シミュレーター、あるいはApple Vision Pro向けにビルドしてチェックし、問題の箇所を特定して修正していきます。筆者が移植作業を行った際に遭遇した問題を挙げながら、その対応策、回避策を紹介します。

▶ 6-3-1 uGUIが反応しない

uGUIとは、Unityが提供しているGUIを構築するための仕組みです。テキストの表示やボタンの仕組み、スクロールビューの仕組みなど、一般的なGUIの仕組みを備えています。そしてuGUIでは様々なコンポーネントが連携しあって動作するようになっており、それらのコンポーネントを適切に設定しないとApple Vision Pro上では動作しません。以下では注意するポイントを紹介します。

PolySpatialではユーザーからのインプットを制御する方法として、新しいInput Systemを採用しています。新しいInput Systemとは、現在Unityがインプットの仕組みを移行している、昨今の多岐にわたるプラットフォームへの対応をより柔軟にする目的で従来の方法に対して新しく作られたシステムです。そのため、従来の方法で実装している場合は動作しないので注意が必要です。

特に、EventSystemコンポーネントにアタッチされているStandalone Input Module（ユーザーのインプットを取得・制御するためのモジュール）は、新しいInput System向けのものに差し替えなければ動きません。幸い、自動的に変更するUIがインスペクターに表示されるのでそれを利用しましょう。次の画像の［Replace with InputSystemUIInput Module］ボタンを押すと自動的に変更されます（図6-12）。

図6-12　Standalone Input Moduleの差し替え

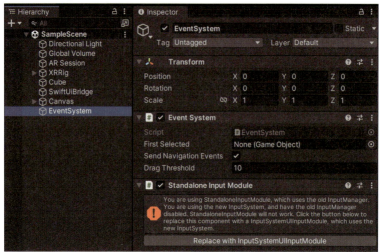

6-3-2　シェーダーエラー

　筆者が移植作業を行ったとき、最初に遭遇したのが、Unityが標準で用意しているゲーム向けUIがピンクになってしまう問題です。ゲーム向けUIはPolySpatialでサポートされていますが、筆者が移植作業をしていたときは、UIがすべてピンク（シェーダーエラー）になったことがあります。Unity Editor上で編集している際には問題ないのですが、Play Modeに入るとUIがピンクになるという現象です。当然、シミュレーターやApple Vision Pro向けにビルドしてもピンクになってしまいました。

　Unity Discussionsでも同様の問題が報告されていました（図6-13）。

```
https://discussions.unity.com/t/in-polyspatial-0-7-1-ugui-elements-
within-the-canvas-are-displaying-in-pink/327325
```

図6-13 Unity Discussionsで報告されていたUIがピンクになる現象

この問題の対処法はシンプルで、[Packages]→[PolySpatial]→[Resources]→[Shaders]から[Reimport]を選択して、フォルダを再インポートすることで修正できます（図6-14）。

図6-14 シェーダーを再インポートする

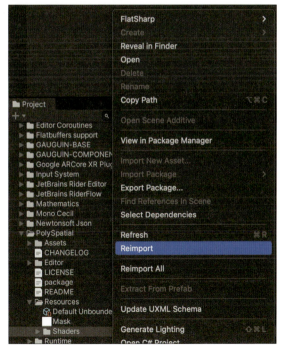

6-3-3 カスタムシェーダーが利用できない

　PolySpatial 1.1.4時点では、カスタムシェーダーのサポートは限定的です。PolySpatial が登場した当初はカスタムシェーダー（handwritten shader：自作のシェーダー）は完全に未サポートでしたが、1.1.4では一部サポートされているようです。例えば、［Assets］→［Create］→［Shader］→［Unlit Shader］で生成されるシェーダーは適切に変換されて描画されました。また、Unity-Chan Toon Shader[注3]なども変換されていました。

　しかし、適切に変換されている理由は明示されておらず不明です。Unityが管理しているシェーダーであるため、特別に対応されているのかもしれませんし、あるいはシェーダーの変換機能を開発中で、それがたまたま適用された結果かもしれません。そのため、一般的なプロジェクトで使用されている（作成されている）カスタムシェーダーは、基本的には変換されないと思ったほうがよいでしょう（一方、将来的に変換できるようになる可能性はあります）。

　現時点では、移植する際にはカスタムシェーダーをShader Graphで作り直す必要があります。Shader Graphで作成されたシェーダーは適切に変換されます（図6-15）。

図6-15　Shader Graphでメッセージ表示のマテリアルを作成し直す

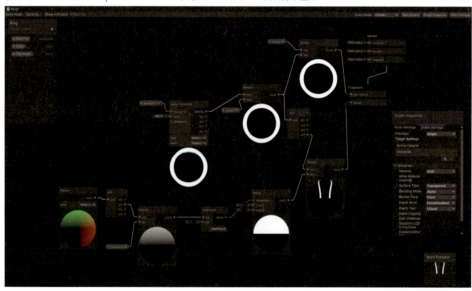

注3　https://github.com/unity3d-jp/UnityChanToonShaderVer2_Project

それでもなお、次項で説明するように「ポリゴンの裏面が描画できない」など、Shader Graphを利用しても再現できない機能があります。Unity Editor上で動いていても、シミュレーターやApple Vision Proでは動かない場合があるため、かならずビルドして確認しましょう。

▶ 6-3-4　カリングを利用できない

3DCGでは、ポリゴンの描画する面を決定するカリングを設定することが一般的です。PolySpatialを用いた開発ではこの設定ができないので、ポリゴンの裏面を描画できません（図6-16）。XcodeでSwiftを用いた開発であれば制御する方法があるため、この問題は起きません。

図6-16　本来なら円柱状に文字が見えなければならないが、裏面が見えていない状態

本プロジェクトでは、プログラムを用いてアプリ実行時に動的にポリゴンを生成していたため、移植の際に生成処理を拡張し、裏面用のポリゴンを同時に生成して対応しました。表面は移植前と変わらず普通に描画を行っています。そして裏面の描画に関しては、プログラム側の視点では裏面を描画しているわけではなく、「あくまで表面として」反転表示するポリゴンを生成し、さらに表面用のテクスチャを反転して描画を行っています（図6-17）。

図6-17　両面が描画されているように見えるが、実際には表・裏2つのポリゴン（メッシュ）が存在する

　シンプルな形状のメッシュであれば、このような対応で問題ありませんが、複雑な形状のメッシュには別の対応が必要になるかもしれません。この移植プロジェクトでは、この問題だけではなく、半透明オブジェクトを描画するにあたっての問題も発生しました。次項で説明します。

▶ 6-3-5　半透明オブジェクトの描画順の制御

　本プロジェクトでは投稿されたメッセージを湾曲して表示しています。この表現を実装するために、テキストをテクスチャ（画像）化しました。以下の手順でテクスチャを生成しています。

1　テキストをMain Cameraに映らない位置に配置
2　1のテキストを、テクスチャ化専用のUnityカメラで撮影

　この手順でテキストを撮影すると、テクスチャに対してテキストを焼き付けるような工程となります。このテクスチャ化の工程は、テクスチャの範囲に対してテキストのピ

クセルを書き込むことと同義です。そのため、テキストが存在しないエリア（つまりテキスト間の余白）では完全な透明ピクセルとなります。またテキストの縁には半透明ピクセルを配置することで滑らかに見せる「アンチエイリアス処理」が入ります。

こうしてできあがったテクスチャは、全体的に見ると「透明・半透明ピクセルを含んだテクスチャ」となり、3DCGにおいては取り扱う際に半透明のための処理が必要になります。

ここまではよいのですが、visionOSで半透明オブジェクトを表示するときに、表示順がおかしくなったり、意図しない遮蔽が起きたりしました。図6-18を見ると、メッセージのメッシュが後ろのメッセージを遮蔽し、文字が欠けてしまっていることが分かります。

図6-18　半透明オブジェクトが後ろを意図せず遮蔽してしまっている

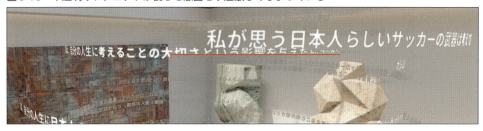

この問題は3DCGにおける半透明オブジェクトの描画順に起因するもので、本プロジェクトの実装が大きく影響しています。実装においては、これらのメッセージオブジェクトの位置は（Y軸以外）すべて同じで、メッシュの頂点位置を変更して位置やスケールを変えているために起きている問題です。

3DCGにおいては、一般的にオブジェクトはカメラ空間から見てZ軸方向（カメラの前後の方向の前方）に向かってソートされ、その順番を用いて描画されます。そして半透明オブジェクトは通常、（カメラから見て）奥から手前に向かって順番に描画されます。こうすることで、半透明オブジェクト特有の重なりによる破綻（描画の問題）を防ぎます。しかし、これらのメッセージオブジェクトのZ位置は実装上すべて同じなので、ソート機能が正常に動作しなかったのです。

これらの問題に対処するために、visionOSでは`ModelSortGroup`コンポーネントが用意されています。その名の通り、モデルのソートを管理するためのコンポーネントで、まさにこのような描画順を制御したい場合に利用します。

PolySpatialでは`ModelSortGroup`に対応する`VisionOSSortingGroup`コンポーネントが用意されています（図6-19）。このコンポーネントに、描画対象となる`Renderer`コンポー

ネントをインスペクターから設定できます。しかし、本プロジェクトではメッセージ部分を動的に生成していたので、事前に設定することはできません。そのため生成時に逐次追加していく実装を採用しました。

また、VisionOSSortingGroupコンポーネントにはdepthPassというプロパティがあります。これは深度値をいつ描画するかを指定するプロパティであり、PostPass、PrePass、Unseparatedの3つの値を持つ列挙型です。深度値の詳細は長くなるのでここでは割愛しますが、オブジェクト同士の遮蔽に用いられる仕組みです。これをコントロールすることで、半透明オブジェクトの描画順問題を解決できます。

図6-19 visionOSのModelSortGroupを実現するコンポーネント

以下は実際に対応したコードの断片です。

ソート順を制御するためのコード

```
private void AddGameObjectToSortingGroup(RingMesh ringMesh)
{
    // 表面用のオブジェクトの描画順の設定
    // indexは、現在登録されているレンダラーのサイズの次の値を利用する
    // 数字が大きいほど先に描画される
    // そのためindexが小さいものほどカメラに近く、大きいものほどカメラから遠いことを示す
    // +1000されている理由は、裏面用のオブジェクトより先に描画させるため、
    // 少しだけオフセットさせている

    int index = _sortingGroup.renderers.Count + 1;
    var sorting = new VisionOSSortingGroup.RendererSorting()
    {
        order = index + 1000,
        renderer = ringMesh.gameObject,
    };
    _sortingGroup.renderers.Add(sorting);

    // 裏面用のオブジェクトの描画順の設定
```

```
    // 表面用とは異なり、こちらは+1000のオフセットはさせずに、そのまま
    // カメラからの距離に応じた順番になるようにindexを設定

    var sortingReverse = new VisionOSSortingGroup.RendererSorting()
    {
        order = index,
        renderer = ringMesh.ReverseObject,
    };
    _sortingGroup.renderers.Add(sortingReverse);

    // depthPassの設定処理を行わないと上記の追加の処理が反映されないため、
    // オブジェクトを追加するたびに再設定を行う

    _sortingGroup.depthPass = VisionOSSortingGroup.DepthPass.PostPass;
}
```

　このコードでは、対象のメッシュ（文字を表示するメッシュ）を生成した際に、それを前述のVisionOSSortingGroupのrenderersリストに追加しています。また、裏面用メッシュも同様に登録する必要がありますが、表用メッシュとは描画順を変えなければならないため、追加する際のindexを調整することで実現しています。

　実装でハマったポイントを紹介すると、VisionOSSortingGroup.RendererSortingをリストに追加するたびにdepthPassを設定しないと上記の追加処理が反映されませんでした。本プロジェクトの実装のような動的な調整を必要とする場合は注意してください。

6-4　インタラクションの変更

　ユーザーの操作（インタラクション）をトラッキングして制御するには、スマートフォン向けアプリであれば **Input System**、Meta Quest であれば **Oculus Integration**、XREALでは **NRSDK** を利用していると思います。本節では、Apple Vision Pro向けの基本的なインタラクションの導入方法と想定される問題について解説します[注4、注5]。

注4　Meta Quest向けのプロジェクトによっては **XR Hands** や **XR Interaction Toolkit** を利用しているかもしれません。Apple Vision Pro向けにも、これらを利用してインタラクションを制御できます。もしこれらを利用している場合は、修正を加えずに動作するかもしれません。一度、コードの変更をせずに動作するかチェックしてみるとよいでしょう。

注5　uGUIはデフォルトでサポートしているため、Canvasの **Render Mode** を **World Space** にするだけで動作します。

第 6 章　PolySpatial による Unity プロジェクトの移植

▶ 6-4-1　タップしたことだけを利用する

「ユーザーがタップした」ことだけを知りたい場合はシンプルなコードで実現できます。

タップ状況を判断するコード

```csharp
using Unity.PolySpatial;
using UnityEngine;
using UnityEngine.InputSystem.EnhancedTouch;
using UnityEngine.InputSystem.LowLevel;
using Unity.PolySpatial.InputDevices;
using UnityEngine.InputSystem.Utilities;
using Touch = UnityEngine.InputSystem.EnhancedTouch.Touch;

public class TouchSample : MonoBehaviour
{
    private void OnEnable()
    {
        EnhancedTouchSupport.Enable();
    }

    private void Update()
    {
        // 現在のアクティブなタップ情報を取得
        ReadOnlyArray<Touch> activeTouches = Touch.activeTouches;

        // アクティブな情報がない場合は処理しない
        if (activeTouches.Count == 0) return;

        // アクティブなタップ情報の状態を取得
        SpatialPointerState primaryTouchData = EnhancedSpatialPointerSupport. ⤢
GetPointerState(activeTouches[0]);

        // 現在のタップ状態が「Began」だった場合は、
        // ユーザーがタップを開始したことを意味するため処理を行う

        if (primaryTouchData.phase == SpatialPointerPhase.Began)
        {
            // 必要な処理を行う
        }
    }
}
```

304

ポイントはUnityEngine.InputSystem.EnhancedTouch.EnhancedTouchSupport.Enable()
を呼び出して、タップ操作を検知する部分です[注6]。これを有効化すると、UnityEngine.
InputSystem.EnhancedTouch.Touch.activeTouchesにアクティブなタップ情報が格納され、
タップを検知できます。

　このコード例では、タップ開始を機に処理を始めます。タップしたら開始／停止といっ
た挙動を実装したい場合は、上記のif文の分岐を用いて処理するとよいでしょう。

▶ 6-4-2　タップした対象にアクションする

　前述の処理はタップの瞬間のみを利用していました。現実的には、タップした対象物
は何か、その対象物に対してどのような処理をするかを考えることになるでしょう。こ
れらを実現するには、SpatialPointerStateに含まれるデータを利用します。

タップ操作に基づいてオブジェクトの操作を行うコード

```
// タップ操作を判定する処理
private void Update()
{
    // 現在のアクティブなタップ情報を取得
    ReadOnlyArray<Touch> activeTouches = Touch.activeTouches;

    // アクティブな情報がない場合は処理しない
    if (activeTouches.Count == 0) return;

    // アクティブなタップ情報の状態を取得
    SpatialPointerState primaryTouchData = EnhancedSpatialPointerSupport. ↵
GetPointerState(activeTouches[0]);

    // ...省略...

    // 各状態をどう取得するかのサンプルコード
    SpatialPointerKind interactionKind = primaryTouchData.Kind;
    GameObject objectBeingInteractedWith = primaryTouchData.targetObject;
    Vector3 interactionPosition = primaryTouchData.interactionPosition;

    Debug.Log($">>>> {interactionPosition} with [{objectBeingInteractedWith.name}]");
    Debug.Log($">>>> {objectBeingInteractedWith.GetComponent<VisionOSHoverEffect>()}");
}
```

注6　コードではTouchですがタップ操作を意味します。

第 6 章　PolySpatial による Unity プロジェクトの移植

SpatialPointerStateオブジェクトには、タップした瞬間に見ていたオブジェクトの情報が格納されます。目線が当たっていた位置を取得できるので、これを利用して処理を行います。

▶ 6-4-3　ハンドトラッキングの利用

最後に、ハンドトラッキング、つまりユーザーの手の状態を利用した処理について解説します。これを利用すると手の関節の情報を利用できるため、細かな制御が可能になります（図6-20）。例えば指の位置が一定距離近づいたら・遠ざかったら（ピンチイン・アウト）といったことを実装できます[注7]。

図6-20　ハンドトラッキングを利用できるモード

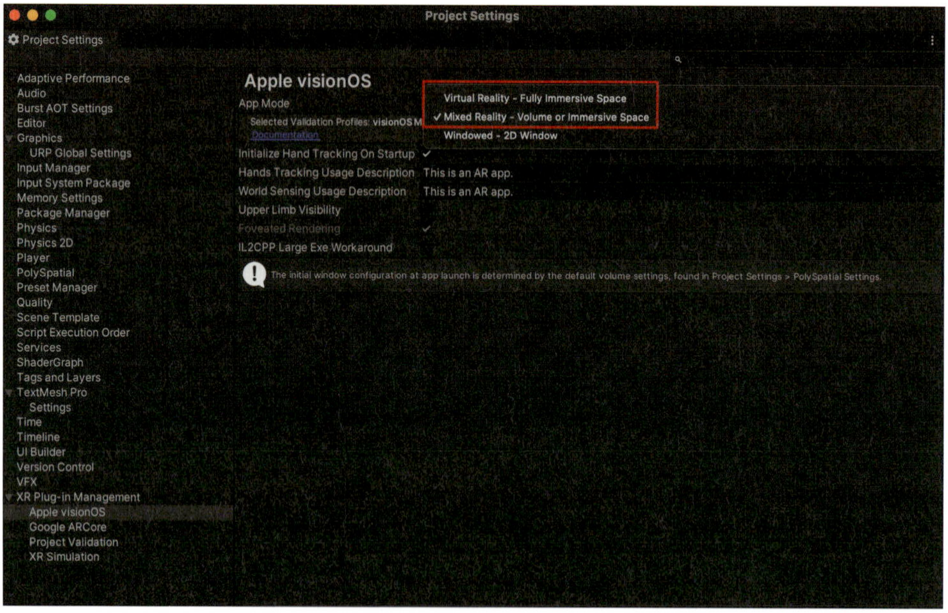

ハンドトラッキングを利用するには、XR Handsパッケージをインストールする必要があります。Package Managerから検索対象にUnity Registryを指定し、「XR Hands」で検索してインストールしてください（図6-21）。

注7　ハンドトラッキングの情報を利用できるのは、[Mixed Reality - Volume or Immersive Space] モードか [Virtual Reality - Fully Immersive Space] モードのみです。[Window - 2D Window] モードのアプリの場合は利用できないことに注意してください。

図6-21　XR Handsパッケージのインストール

ハンドトラッキング情報を利用するには、以下のような手順を踏みます。

1　XR Hand Subsystemの取得・起動
2　手の状態を監視
3　指の距離に応じて処理

順に解説していきます。

1. XR Hand Subsystemの取得・起動

まずXRHandSubsystemを起動します。インスタンスの取得および起動のためのコードは以下となります。

XRHandSubsystemの取得・チェック・起動するためのコード

```csharp
// XRHandSubsystemの状況チェックと起動処理
private void GetHandSystem()
{
    // XRのGeneral Settingsオブジェクトを取得
    // この設定内にXRセットアップ関連の情報（設定）が格納されている
    XRGeneralSettings xrGeneralSettings = XRGeneralSettings.Instance;
    if (xrGeneralSettings == null)
    {
        Debug.LogError("XR general settings not set.");
        return;
    }

    // XRシステム周りのマネージャを取得
    // Apple Vision Proに限らず、XR関連のコンテンツを制作する際に利用するマネージャ
```

```
    XRManagerSettings manager = xrGeneralSettings.Manager;
    if (manager == null)
    {
        Debug.LogError("XR Manager Settings not set.");
        return;
    }

    // マネージャから、現在アクティブなローダーを取得
    // このローダーによって適切にシステムが読み込まれる
    XRLoader loader = manager.activeLoader;
    if (loader == null)
    {
        Debug.LogError("XR Loader not set.");
        return;
    }

    // ロードした情報から、今回はハンドサブシステムを取得する
    _handSubsystem = loader.GetLoadedSubsystem<XRHandSubsystem>();

    // 取得したハンドサブシステムが適切に開始されているかなどのチェックを行う
    if (!CheckHandSubsystem())
    {
        return;
    }

    // 取得および起動の準備が整っていたらサブシステムを起動する
    _handSubsystem.Start();
}
```

XRHandSubsystem を取得したら Start メソッドを呼ぶことでサブシステムを起動できます。

2. 手の状態を監視

サブシステムを起動すると、手の状態を取得できるようになります。大まかな処理の流れは旧 Input System（UnityEngine.Input）である Input Manager のクリックやキーダウンイベントなどと同様です。

手の状態を監視するためのフローを以下に示します。

- TryUpdateHands で手の状態フラグを取得
- フラグに応じて処理を分岐（どちらの手のどんな状態か）

- サブシステムから該当のジョイント情報を得る
- 得られた情報をもとに処理する

これらを行っているのが以下のコードです。このコードはPolySpatialのサンプルに含まれていたコードを筆者が少し変更しています。

以下のコードでは手の状態の取得を試みて、取得できている場合は手のジョイント（関節）情報を取得しています。

左右の手の状態をチェックして検知した場合に実行するコード

```
private void Update()
{
    // XRHandSubsystemが動作していない場合は処理しない
    if (!CheckHandSubsystem()) return;

    // XRHandSubsystemの更新情報（指の関節などの情報）を取得
    XRHandSubsystem.UpdateSuccessFlags updateSuccessFlags = _handSubsystem. ⤢
TryUpdateHands(XRHandSubsystem.UpdateType.Dynamic);

    // 右手の処理
    if ((updateSuccessFlags & XRHandSubsystem.UpdateSuccessFlags. ⤢
RightHandRootPose) != 0)
    {
        _rightIndexTipJoint = _handSubsystem.rightHand.GetJoint(XRHandJointID.IndexTip);
        _rightThumbTipJoint = _handSubsystem.rightHand.GetJoint(XRHandJointID.ThumbTip);

        DetectPinch(_rightIndexTipJoint, _rightThumbTipJoint, ref _activeRightPinch, ⤢
true);
    }

    // 左手の処理
    if ((updateSuccessFlags & XRHandSubsystem.UpdateSuccessFlags.LeftHandRootPose) != 0)
    {
        _leftIndexTipJoint = _handSubsystem.leftHand.GetJoint(XRHandJointID.IndexTip);
        _leftThumbTipJoint = _handSubsystem.leftHand.GetJoint(XRHandJointID.ThumbTip);

        DetectPinch(_leftIndexTipJoint, _leftThumbTipJoint, ref _activeLeftPinch, ⤢
false);
    }
}
```

第 6 章　PolySpatial による Unity プロジェクトの移植

3. 指の距離に応じて処理

指の位置に応じて処理を行います。具体的なコードは以下です。

ピンチ動作を検知するためのコード

```
// ピンチ動作を検知するためのメソッド
private void DetectPinch(XRHandJoint index, XRHandJoint thumb, ref bool activeFlag, ↗
bool right)
{
    // サンプルの実装では引数のboolで左右の手を識別しているため、どちらの手の操作かで ↗
分岐している
    GameObject spawnObject = right ? _rightSpawnPrefab : _leftSpawnPrefab;

    // 人差し指か親指のトラッキング状態が未検知の場合は処理しない
    if (index.trackingState == XRHandJointTrackingState.None ||
        thumb.trackingState == XRHandJointTrackingState.None)
    {
        Debug.LogWarning("Index or thumb tracking state is None.");
        return;
    }

    // 人差し指と親指の位置
    Vector3 indexPosition = Vector3.zero;
    Vector3 thumbPosition = Vector3.zero;

    // 人差し指のPose（姿勢）情報を取得する
    if (index.TryGetPose(out Pose indexPose))
    {
        indexPosition = indexPose.position;
    }

    // 親指のPose（姿勢）情報を取得する
    if (thumb.TryGetPose(out Pose thumbPose))
    {
        thumbPosition = thumbPose.position;
    }

    // 人差し指と親指の距離を計算し、閾値以下ならピンチ動作と判断する
    float pinchDistance = Vector3.Distance(indexPosition, thumbPosition);
    if (pinchDistance <= _scaledThreshold)
    {
        // 前回のアクティブ状態を保持している
        // これは、毎フレームチェックを実行しているため
```

```
            // 「今フレームでピンチが実現したか」をチェックする必要がある
            if (!activeFlag)
            {
                // エフェクトを再生
                GameObject go = Instantiate(spawnObject, indexPosition, Quaternion.↵
identity);
                go.transform.localScale = Vector3.one / 5f;
                activeFlag = true;
            }
        }
        else
        {
            activeFlag = false;
        }
    }
}
```

　人差し指と親指の指先の情報はすでに取得しているので、指の距離を判定し、それに応じてオブジェクトを生成する、という処理を行っています。

　実際のプロジェクトでは、指の位置に応じて処理を決定する、あるいは指そのものにオブジェクトを追従させる、といった実装を行うと思います。ここで紹介したコードを参考に必要な機能に作り変えてください。

　このコードの元となったコードはPolySpatialのサンプルに含まれているので、そちらも参考にしてみてください。サンプルはPackage ManagerのPolySpatialパッケージからインポートできます（図6-22）。

図6-22　サンプルをPackage Managerからインポートする

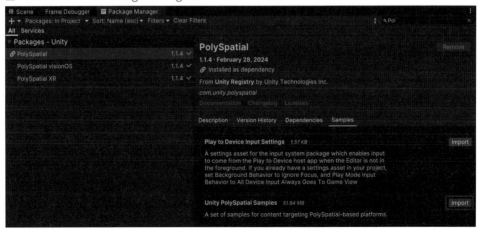

▶ 6-4-4 パーティクルの設定を変更

パーティクルのサポートは限定的です。パーティクルの表示がうまくいかない場合は、モードを［Replicate Properties］から［Bake To Mesh］に変更するとうまくいくかもしれません。

この設定はProject Settingsの［PolySpatial］から行います。

図6-23　パーティクルモードの設定

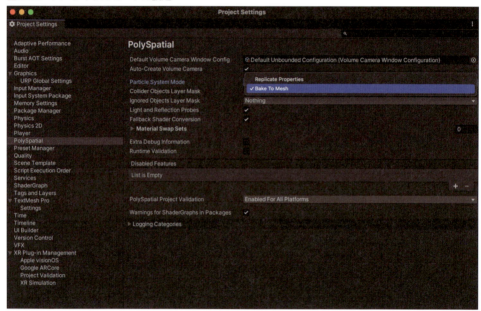

［Bake To Mesh］モードはパーティクルシステムというよりは、パーティクルで表現したい内容をメッシュ化し、それをオブジェクトとして表示するという仕組みです。そのためドキュメントでは負荷が高まることが指摘されています[注8]。利用する場合はパフォーマンスに影響がないかを十分に確認してください。

注8　https://docs.unity3d.com/Packages/com.unity.polyspatial.visionos@1.1/manual/SupportedFeatures.html#supported-modes

6-4-5　手のオクルージョンの無効化

PolySpatial 1.0.3で移植を行っている途中でPolySpatial 1.1.4がリリースされたためアップデートしたところ、コンテンツに対する手のオクルージョン[注9]が無効化されてしまいました。

手のオクルージョンについてはSceneプロトコルの拡張であるupperLimbVisibilityメソッドにパラメータを設定することでオン・オフを制御できます。ただし、これはImmersiveSpaceシーンのみ有効でWindowGroupシーンにVisibility enumの値.hiddenを指定しても、手のオクルージョンをオフにすることはできませんでした。

以下はUnityが生成したファイルUnityVisionOSSettings.swift[注10]からの抜粋です。ImmersiveSpaceシーンの生成時に.upperLimbVisibilityメソッドに.hiddenが指定されています。おそらくPolySpatial 1.0.3時点では、これがなかったのでしょう。

UnityVisionOSSettings.swift

```
@SceneBuilder
var mainScenePart0: some Scene {

    ImmersiveSpace(id: "Unbounded", for: UUID.self) { uuid in
        PolySpatialContentViewWrapper()
            .environment(\.pslWindow, PolySpatialWindow(uuid.wrappedValue, ⏎
"Unbounded", .init(1.000, 1.000, 1.000)))
        KeyboardTextField().frame(width: 0, height: 0). ⏎
modifier(LifeCycleHandlerModifier())
    } defaultValue: { UUID() } .upperLimbVisibility(.hidden) // <- .upperLimbVisibility ⏎
が指定されているのが分かる
}
```

この設定は［XR Plug-in Management］→［Apple visionOS］にある［Upper Limb Visibility］のチェックを入れることで対応できます（図6-24）。

注9　オクルージョンとは「塞ぐ」を意味する英単語です。ARの文脈では、現実世界の物体が、CGを適切に遮蔽することを意味します。つまりここでは、自身の手がCGを適切に遮蔽する機能が無効化されていたことを意味しています。

注10　これはXcodeプロジェクトのビルド時にUnityが自動生成するファイルです。生成後のXcodeプロジェクト内で「MainApp」ディレクトリ以下に配置されます。

図 6-24　Upper Limb Visibility の設定

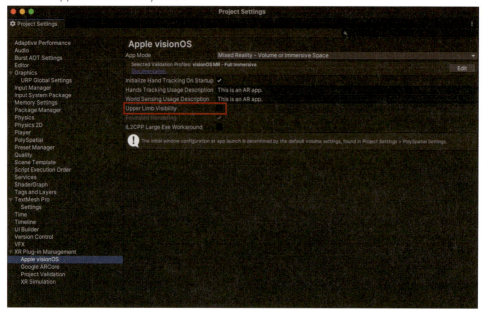

6-5　既存プロジェクトの移植で発生しそうな問題

　本プロジェクトは比較的シンプルなものだったため、移植の際にそれほど多くの問題は発生しませんでした。しかし、より大規模なプロジェクトであれば、さらに多様な機能を利用しているでしょう。本節では、移植にあたり、プロジェクトが持つ機能によって発生するかもしれない問題を紹介します。

▶ 6-5-1　ECSの描画が未サポート

　ECS（Entity Component System）は、メモリ効率を最適化し高速に処理を行うUnityの機能です。オブジェクトを大量に描画するコンテンツなどで利用されます。PolySpatial 1.1.4時点ではECSは未サポートです。2024年2月8日時点、Unity社所属の方がフォーラムでECSのサポートを検討しているという発言をするにとどまっています[注11]。

[注11] https://forum.unity.com/threads/apple-vision-pro-support.1544933/#post-9631982

314

▶ 6-5-2　コンピュートシェーダーをパーティクルに利用できない

　筆者が試したところ、コンピュートシェーダー[注12]は問題なく実行できました。コンピュートシェーダーを利用するユースケースの1つとして大量のパーティクルの位置計算がありますが、現状ではパーティクルの描画はできません。描画を行うためにはカスタムシェーダーを作成する必要がありますが、前述の通り、現時点ではカスタムシェーダーのサポートは限定的だからです。

　コンピュートシェーダーが動いていることを示すために計算をさせてみました。何か意味がある計算ではありませんが、処理そのものは動いていることが分かるでしょう（図6-25）。

　画像からは読み取りにくいかもしれませんが、コンピュートシェーダーで各Cubeの位置計算だけを行い、その位置をGameObjectに適用してみました。実行すると、各Cubeが球体の表面に吸着するようなアニメーションになります。GameObjectを利用しているので、大量のオブジェクトを描画するわけではありません。この例では100個程度ですが、この程度であればCPUで計算したほうが実装もしやすいでしょう。あくまでコンピュートシェーダーが動いていることを可視化するために実装したものです。

図6-25　コンピュートシェーダーが動いている様子

注12　本来は描画に利用されるシェーダーを計算用に利用する機能のこと。

第 6 章　PolySpatial による Unity プロジェクトの移植

テストしたコンピュートシェーダーのコードを掲載します。

Cube の位置計算のデモを行うシェーダーコード

```
// カーネルとして動作させる関数名を指定する
#pragma kernel ParticleMain

// パーティクル計算用の構造体を定義する
// パーティクルの位置と色、スケールを保持しています
struct Particle
{
    float3 basePosition;
    float3 position;
    float4 color;
    float scale;
};

// パーティクルごとのデータを保持するためのバッファ
RWStructuredBuffer<Particle> _ParticleBuffer;

// パーティクルを動かすための1フレームごとの差分時間
float _DeltaTime;

// パーティクルの位置計算を行うメインの関数
[numthreads(8, 1, 1)]
void ParticleMain(uint3 id : SV_DispatchThreadID)
{
    const int index = id.x;

    // バッファ（配列）から計算対象のパーティクルを取り出し、位置を更新
    Particle p = _ParticleBuffer[index];
    p.position += (p.basePosition - p.position) * _DeltaTime;

    // 構造体のため、計算した結果をバッファに戻す
    _ParticleBuffer[index] = p;
}
```

6-6 SwiftUI連携の利用

　最後に、やや飛び道具的な対応方法を紹介します。本節で紹介する機能を使うとSwiftを直に書くことができるため、visionOSの機能をフルに使用できます。これによって未サポートの機能を回避できる可能性が高まると思います。

　PolySpatial 1.1.4からSwiftUIとの連携が簡単になりました。具体的には、Unityプロジェクトにインポートした Swift コードが PolySpatial のサポートによって自動的に Xcode プロジェクトにコピーされ、連携しやすくなりました。第5章の「Unity による visionOS アプリ開発」でも解説しているので、詳細についてはそちらも合わせてご一読ください。

　また、本書では書ききれなかった詳細な内容については、MESONの技術ブログ（https://zenn.dev/meson/articles/polyspatial-swiftui）を参考にしてください。この記事では連携方法だけではなく、どのような仕組みによって連携しているのかまで解説しています。

　ただし、SwiftUIとの連携については、ほぼSwiftで制御することになるため、慣れていない方にとってはハードルが高いかもしれません。一方で、Swiftで記述できるということは、visionOSの機能をほぼフルで利用できることを意味します。どうしてもPolySpatialで対応できない場合は検討してみてください。

▶ 6-6-1 命名規則に従ったSwiftファイルを自動的に利用する仕組み

　PolySpatialのSwiftUI連携は、ファイル名の命名規則とファイルの配置規則に従うことで可能になるという仕組みです。以下のようにすると、Xcodeプロジェクトにコピーされ、さらにシーン構築コードに自動挿入されます。

- シーン用コードのファイル名はInjectedScene.swiftで終わる
- Swiftのアプリサポートコードは SwiftAppSupport フォルダ以下に配置する

　PolySpatialのVisionOSBuildProcessor.csを見ると、以下の処理がビルド時に実行されることが分かります。

第 6 章　PolySpatial による Unity プロジェクトの移植

VisionOSBuildProcessor.cs

```csharp
// 上記2つの要件を満たすファイルをコピーする必要があるためそれを判別する
var allPlugImporters = PluginImporter.GetAllImporters();
foreach (var importer in allPlugImporters)
{
    // visionOS以外のプラットフォーム向けのものは処理しない
    if (!importer.GetCompatibleWithPlatform(BuildTarget.VisionOS) || !importer.
ShouldIncludeInBuild())
        continue;

    // 末尾が `InjectedScene.swift` で終わるファイルをリストに追加する
    if (importer.assetPath.EndsWith("InjectedScene.swift"))
    {
        m_InjectedScenePaths.Add(importer.assetPath);
    }

    // サポートファイル向けのフォルダ内に入っているファイルをリストに追加する
    if (importer.assetPath.Contains("/SwiftAppSupport/"))
    {
        m_swiftAppSupportPaths.Add(importer.assetPath);
    }
}
```

　ファイル名をもとに処理をしていることが分かると思います。これに従ってファイルを配置すると、PolySpatialが適切に処理してくれます。

図6-26　命名規則に従って構成する

　パズルのピースのようなアイコンになっているのはすべて.swiftファイルです。

318

6-6-2 シーンの実装

SwiftUI連携は、前述のようにファイル名がInjectedScene.swiftで終わるファイルを作成することで、自動的にコードを生成します。自動生成されるコードに従うためには、staticなScene型のsceneプロパティを持つという条件に適合させる必要があります。

シーンを作成するシンプルコードは以下のようになります。UIを構築する部分はビュー構造体が担当することになるため、基本的にはシーン構築コードはほぼこれと同じ見た目になるでしょう。

シーン構築コード

```swift
import Foundation
import SwiftUI

struct SwiftUIAnyInjectedScene {
    // シーン構築のために `scene` プロパティが期待されているため、
    // それを実装しているコード
    // 実際のビューの見た目は（ここでは）AnyContentViewで実装している想定
    @SceneBuilder
    static var scene: some Scene {
        WindowGroup(id: "InputViewScene") {
            AnyContentView()
        }.defaultSize(width: 400.0, height: 400.0)
    }
}
```

実際にビルドすると、以下のようにsceneプロパティを呼び出すコードがUnityVisionOS Settings.swift内に追加されます。

自動で追加されたシーン呼び出しのコード

```swift
@SceneBuilder
var mainScenePart0: some Scene {
    // ...省略...
    SwiftUIAnyInjectedScene.scene
}
```

VisionOSBuildProcesser.csのコードを見ると、以下のように文字列として生成しています。

第 6 章　PolySpatial による Unity プロジェクトの移植

対象ファイル名を利用してコードを生成している箇所

```
foreach (var InjectedScenePath in extraWindowGroups)
{
    var name = Path.GetFileNameWithoutExtension(InjectedScenePath);
    sceneContent.Add($"\n        {name}.scene");
}
```

　文字列として機械的に追加しているだけなので、厳密に型などをチェックしているわけではありません。そもそも Swift のコードはコンパイルの対象ではないので注意する必要があります。コードに間違いがあると Xcode プロジェクトを開いた際にエラーが出ます。

▶ 6-6-3　C# から呼び出せるようにする

　前述のルールに従うことで Swift コードが自動で挿入されます。ただしこのままでは C#、つまり Unity で開発した機能からアクセスできません。これを可能にするには、Swift と連携する部分を追加で実装する必要があります。

　この解説については長くなること、また PolySpatial の話からは逸れてしまうので、本書では割愛します。前述の技術ブログで解説しているので、ぜひ参照してください。

6-7　本章のまとめ

　本章では PolySpatial を用いた Unity プロジェクトの visionOS 移植について解説してきました。執筆時点 (2024 年 3 月時点) では、未サポートの機能が多い印象です。また、visionOS そのものの制約も多く、それゆえに移植が難しい機能なども多くあるのは否めません。紹介したような回避策を講じて対応したり、違う表現に置き換えたりすることで対応できるでしょう。

　なにより、Apple Vision Pro で見える世界はとても衝撃的で、アイトラッキングを利用した操作は、一度体験すると戻れなくなる魔力を持っています。そのため、Apple Vision Pro 向けに自身のコンテンツ、プロダクトの移植に挑戦する価値は十分にあると、筆者は考えています。

　本章の内容がそうした方々の道標になれば幸いです。

索引

記号・数字

.defaultSize モディファイア (Volume) 175
.gesture...148
.usdz形式 2, 8, 9, 125
.windowStyle モディファイア (Volume) 175
.xcodeproj ファイル xx
3Dスキャナーアプリ 4

A

addPlaceHolder 関数.......................................149
AI英会話アプリ 101
Anchoring コンポーネント............. 34, 41, 49, 50
    LeftHand エンティティ 35
    RightHand エンティティ 34, 42
AR Mesh Manager...269
AR Plane Manager...267
ARKit...12, 51, 71
Attachment 150
Audio...94
AvatarWindow...127

B

Behaviors コンポーネント.....................................99
Bounded Volumes 256
Box Collider (Unity) 247

C

CallCSharpCallback 関数...................................262
Canvas (Unity) 232
Collision コンポーネント 24, 25
    LeftHand エンティティ 79
    RightHand エンティティ 79
    Sun エンティティ 78
Color ノード 190
Component...12

D

Diffuse 203
dismissWindow..133
DrumKit エンティティ...87
DrumStick エンティティ 88

E

EarthAndMoon アプリ..17
Earth エンティティ 20, 25
Emitter (ParticleEmitter コンポーネント) 61
Emitter タブ 48
Emitter タブ (ParticleEmitter コンポーネント)
....63
Entity 12
Entity Component System (ECS) 12, 53, 99
    描画..314

F

Flame エンティティ...60
ForegroundNotificationDelegate クラス......169
Fractal3D ノード 198
FractalNoise ノード 197
Full space..136

G

GameManager (Unity) 275
GeminiRepository クラス...................................119
GeometryModifier ノード 209
Google AI SDK for Swift 118
GridItem プロパティ (LazyVGrid コンポーネント)
....107

Cube

Cube エンティティ 76
CustomMaterial 189
CustomPhysicsSimulation コンポーネント 82

321

H

HandTrackingProvider 143
HandTrackingSystem.......................... 55, 69
HandTracking コンポーネント 68
　LeftHand エンティティ 81, 93
　MagicRoot エンティティ 54
　RightHand エンティティ 81, 93
HandVisualizer クラス (Unity) 265
Hierarchy Browser..........................27
HomePageView 107
Home 画面 103, 107
HoverEffect 110

I

ImageBasedLighting.......................... 208
ImageTrackingProvider.......................... 143
Immersive Space 136
Impact テンプレート
　(ParticleEmitter コンポーネント) 65
Info.plist ファイル.......................... 177
Input System 295
InputWindow.......................... 121
isShowingProgramWindow.......................... 133

L

L-system アルゴリズム.......................... 216
LazyVGrid コンポーネント 107
LeftHand エンティティ 33
Line Rendering (Unity) 287
List (UI コンポーネント) 106
Luma AI.......................... 4
Luma AI - Genie 6

M

MagicEmitter エンティティ 48
ManipulationInputManager コンポーネント
　(Unity) 249
Manipulation シーン (Unity) 247
Material Bindings (Reality Composer)..........40
MeshResource.generateSphere メソッド
　.......................... 176
MixedReality シーン 264

（右列）

Mix ノード 191
ModelSortGroup コンポーネント 301
MoonRoot エンティティ 27
Moon エンティティ 22
Multi Window.......................... 131
My Spatial Timer.......................... 136

N

NavigationSplitView 104
Noise2D ノード 212
Normalize ノード 206
NormalMap ノード 204

O

Observable() マクロ.......................... 119
openWindow.......................... 133
Ornament.......................... 114

P

Particle Emitter.......................... 46, 60
Particle System (Unity) 288
ParticleEmitterComponent.......................... 288
ParticleEmitter コンポーネント
　Flame エンティティ 61, 66, 75
　MagicEmitter エンティティ 49
Particles (ParticleEmitter コンポーネント)
　..........................62
Particles タブ 48
PhysicsBody コンポーネント 24, 26
　Dynamic..........................26
　Kinematic..........................26
　LeftHand エンティティ 79
　RightHand エンティティ 79
　Static..........................26
　Sun エンティティ 78
PhysicsMotion コンポーネント.......................... 24, 25
Piano プロジェクト..........................97
PlaneDetectionProvider 143
Play to Device 252
PolySpatial.......................... 238, 286, 289
Position ノード 191
Premultiplied Alpha.......................... 185

processWorldAnchorUpdates 関数 163
process 関数 164
ProgramCollectionItemView 108
Project Validation 241, 291
Provider 143

Q

Quaternion 221
queryDeviceAnchor 関数 144
Quick Look 2
Quick Look ギャラリー 2

R

Reality Composer Pro 10, 98, 189
   3D View 18
   Content Library 19
   Editor Panel 19
   Hierarchy Browser 18
   Inspector 18
   Send To Device 19
Reality Converter 9, 125
RealityKit 12, 184
RealityView 139
Reflect 206
Reflect ノード 206
Resources フォルダ 242
RightHand エンティティ 33
Rigidbody (Unity) 247
Root エンティティ 82

S

ScenePhase 169
SceneRecognition 186
SceneReconstructionProvider 143
ScriptWindow 123
sendMessage メソッド 120
Separate3 ノード 191
Shader Graph 98
ShaderGraph 184
ShaderGraphMaterial 185
Shininess 206
sin カーブ 201

Sin ノード 210
SkinnedMeshRenderer (Unity) 287
SmoothStep ノード 191
Snare エンティティ 95
Space .... xv, 186, 269
Spatial Audio vi
Spatial Audio (Unity) 287
spatialPointerState 250
SpatialPointerState オブジェクト 306
SpatialTapGesture 148
SpawnController (Unity) 277
Specular 206
SunnyTune 173
Sun エンティティ 73
SwiftUI 182, 261
SwiftUI 連携 317
SwordModel エンティティ 41
Sword エンティティ 41
System 12

T

TabView 115
Terrain (Unity) 287
Text 109
TextMesh Pro (Unity) 288
TextMeshPro 233
Timeline エディター 99
TimerManager 149
TimerManager クラス 156, 159
Time パラメータ 192
ToolbarItem 113
Trail Renderer (Unity) 288
Transform 18, 41
Transform エンティティ 27
Transform コンポーネント
   DrumKit エンティティ 87
   Earth エンティティ 20, 32
   MoonRoot エンティティ 27
   Moon エンティティ 22, 32
   Sun エンティティ 76

U

uGUI 295
UIController (Unity) 279
UIコンポーネント 103
Unbounded Volumes............................... 256
Unity 227
Unity Hub... 228
Unityプロジェクトの移植 285
UnlitSurface.................................... 189, 195
upperLimbVisibilityメソッド 313
UserDefaults 158

V

Vibrancy 109
VisionOSHoverEffectコンポーネント (Unity)
 249
VisionOSSortingGroupコンポーネント 302
visionOSシミュレーター.................................xvi
Visual Effect Graph (Unity) 287
Volume Cameraコンポーネント (Unity) 242
Volume .... xv, 127, 174, 178, 238
　UI 182
　制限 184

W

WeatherKit 193
Window........................... xv, 121, 181, 229
　サイズ 103
　表示／非表示.. 133
　複数配置 131
windowStyle 127
Windowアプリ 103, 109
WorldAnchor...................................... 160, 163
WorldTrackingProvider 143
WorldTrackingRecognition............................ 186

X

Xcode...xvii
XR Handsパッケージ..................................... 306
XRHandSubsystem 307

Z

ZStack 128

あ

アイテム (item) 125
アクセス要求の文言 56, 70, 83, 91
アタッチメント 150
当たり判定 76
アニメーション 129
アバター 128
アンチエイリアス処理 301

い

位置固定 160
位置情報 143
陰影 203
インストール (Unity) 228
インストール (サポート機能) 289
インターフェースシフト................................xii
インタラクション 303

え

エフェクト 73
円形ゲージ 152
エンティティ 12, 19

お

オクルージョン 313
親子関係...28

か

回転運動...28
拡散反射光 203
カスタムシェーダー 298
風の表現 209
カメラ位置 186
カメラ情報 186
空のエンティティ 41
カリング 299
環境光 204

環境光 204

き

木の成長 216
木のメッシュ 219

く

空間コンピュータ v
雲 196
グラデーション 191
繰り返し処理 145

こ

光沢度 206
ゴリラ腕問題 viii
コンテナビュー 107
コンピュートシェーダー 315
コンポーネント 12

さ

サンプルゲーム 271

し

シームレス表現 195
シーン 32
シェーダーエラー 296
時角 201
システム 12
シミュレーター 236, 254
地面 214
新規プロジェクト
.... xx, 15, 31, 38, 46, 72, 86
進行ゲージ 154

せ

生成AI 101
赤緯 200

そ

空 187

た

タイマーアプリ 135
タイマー画面 152
タイマー管理 156
タイマー構造体 155
太陽位置 200
太陽高度 201
タッチ情報 249
タップ 304
タップ操作 148

ち

頂点インデックス（メッシュ）............. 224
頂点（メッシュ）................................... 221

て

データ永続化機能 158
データプロバイダー 143
テクスチャ 65
テクスチャ座標（メッシュ）.............. 222
テクスチャ設定
    Flameエンティティ 66
天球 188
天体の回転 202

な

ナビゲーションバー 112
ナビゲーションフロー 104

の

ノイズ 212

は

パーティクル 312
パーリンノイズ 212
配置用マーカー 141
ハイトマップ（Height Map）........... 214
ハイライト表現 203, 206
反射ベクトル 206
半透明オブジェクト 300
ハンドトラッキング 34, 41, 67, 306

索引

ひ

光の表現	200
描画順	300
ビルド	xxiii, xxiv, 235
ピンチ	250, 310

ふ

物理シミュレーション	77
フラクタルノイズ	197
プロジェクト	xx, xxii
プロジェクトの設定 (Unity)	238

へ

平面検知機能	260

ほ

法線マッピング	204
法線 (メッシュ)	222
炎のエフェクト	60
ホバー	110

ま

マーカー	139, 142
マテリアル	185
マテリアルのエラー	40
マルチウィンドウ (Multi Window)	130

め

メッシュ	219, 225
メッシュジオメトリ	269

も

モーション
Earth エンティティ	25
MoonRoot エンティティ	28

ら

ラケット	76

り

リアルタイムでの位置更新	145
リスト (メニュー)	106

ろ

ローカル通知	167

おわりに

　本書を手に取っていただき本当にありがとうございます。

　私はARToolKitの動作デモ動画を見てAR的表現に興味を持ちました。その後AppleからARKitが発表されその完成度の高さに興奮し、以来、Appleプラットフォームを中心にAR的表現の実装と調査を続けています。

　ARの価値を発揮する使用方法を考えるたびに、スマートフォン手持ちでの体験には限界があり、いつかAppleからAR機能を持つヘッドセットが発売されたら本当に効果的で本質的な価値を持つ空間表現が実現できるだろう、と楽しみにしていました。

　そして2023年についにApple Vision Proが発表され、2024年に発売。

　カメラパススルーの体験は予想以上によく、CGの描画は美麗。シンプルに立方体を空間に置いて眺めるだけでも、その馴染み具合と空間でのピタッとした固定具合にグッときています。ついにイメージしていた未来がきた、という気持ちです。

　本書は技術評論社の高屋さんの「Apple Vision Proの開発の本を出しませんか？」という打診から始まりました。これからApple Vision Proでのアプリ開発が活発になってくるタイミングで開発知見の本を出すことに意義を感じてプロジェクトを開始し、サイバーエージェントとMESONからメンバーが集まって執筆チームを結成しました。まだまだ進化の途上であるvisionOS。できれば何度も読み返してもらえる内容にしたいと思い、取り組んだ事例と課題解決を盛り込んだ内容にしよう、というテーマでプロジェクトが進行しました。

　xRギルド、Iwaken Lab、エンジニアと人生コミュニティ、visionOS Engineer Meetup、TNXRなど、各コミュニティのサポートを受け、無事に出版できました。長崎勝信さん、佐藤潤一さん、高津洋一さん、辰己佳祐さん、tamappeさんには原稿読み会でサポートしていただきました。

　読者の方には、この書籍をきっかけに、小さいパーツを作ったり、サンプルを動かしたりして、空間コンピューティングを実装する体験を小さいステップで始めてほしいです。サンプルの数値を少し変えて実行すると違いが理解できます。

　RealityKitやSwiftUIに加えて、空間コンピューティングならではの考え方やUIの作成など、学ぶべきことはとても多いです。一気にすべてを理解して完成度の高いアプリを作るのではなく、まずは小さいパーツ、シンプルな実装から始めることをおすすめします。

　私はこれまで以上に空間コンピューティングの可能性を感じています。まだまだこれから面白いサービスや機能が出てくると思います。

　ともに、新しい体験を作っていきましょう。

2024年8月　服部 智

著者プロフィール

服部 智（はっとり さとし）

株式会社サイバーエージェント XRエンジニア

株式会社AbemaTVにてiOSアプリ、ゲーム端末向けアプリ実装などを担当後、社内異動しCyber AI ProductionsでバーチャルプロダクションやxR系サービス作成に従事。GitHubでのvisionOS 30 DaysチャレンジがvisionOS開発界隈で世界的に注目を集め、テックカンファレンスへの登壇や勉強会の主催を行っている。第3章と「本書について」「おわりに」の執筆、および本書全体の監修を担当。

- X：@shmdevelop
- GitHub：satoshi0212

小林 佑樹（こばやし ゆうき）

株式会社MESON 代表取締役社長

東京大学大学院卒。大学院在学中に複数社スタートアップにてエンジニアとして開発に関わる。また株式会社リクルートホールディングスにて、インターン生として初めてNewRingに入賞し、新規事業立ち上げを経験。2017年9月1日株式会社MESONを設立。2022年9月1日株式会社MESONの代表取締役社長に就任。日本人デベロッパーとして世界で初めてApple Vision Proを体験。「Apple Vision Pro から視える次なるコンピューティングの未来」と「本書について」の執筆を担当。

- X：@AR_Ojisan

ばいそん

株式会社サイバーエージェント XRエンジニア

XRにおける「遊び」と「デザイン」を探求する偶蹄目。総務省 異能β認定。業務として、バーチャルプロダクションスタジオの撮影シミュレーションシステムの開発を行う。本書では、Apple Vision Proを使ってノーコード or ローコードで手軽に遊ぶ方法を紹介する。第1章と「本書について」の執筆を担当。

- X：@by_BISON

著者プロフィール

副島 拓哉（そえじま たくや）

株式会社サイバーエージェント iOSエンジニア

大学在学中にiOSアプリケーション開発に出会い、ARKit、SceneKitを用いたECサービス向けアプリケーションなどの個人開発を行う。現在はFanTech領域にて大手芸能事務所のファンコミュニケーションサービスのiOSアプリケーション開発を行う。第2章の執筆を担当。

- X：@sejm_laice
- GitHub：tsocjima

佐藤 寿樹（さとう ひさき）

株式会社MESON エンジニア

ゲーム会社でコンシューマーゲームやスマートフォン向けのアプリ開発、VR/ARのゲーム開発などを行う。株式会社MESONでApple Vision Pro向けのSunnyTuneの開発を行う。第4章の執筆を担当。

加田 健志（かだ たけし）

株式会社サイバーエージェント XRエンジニア

組込みソフト開発・遊技機開発などを経て、2015年にVRとUnityに出会う。それ以来、Unity&XRエンジニアとしてVRゲーム・VRライブ・ARアプリなどの開発に従事。現在は次世代スポーツ映像開発を行っている。第5章の執筆を担当。

- GitHub：tkada

比留間 和也（ひるま かずや）

株式会社MESON CTO

Webエンジニアを経て、3DCGの魅力に惚れ込み、Unityエンジニアに転身。その後VRに出会い、株式会社コロプラでVRゲーム開発に従事。しばらくしてARを世に広めたいという思いから株式会社MESONに転職し、少ししてCTOに就任。現在もXRプロダクト開発を行いながら、どうしたら世にXRが広がるかを模索中。第6章の執筆を担当。

- X：@edo_m18
- GitHub：edom18

清水 良一（しみず りょういち）

株式会社サイバーエージェント 技術広報

エンジニアのインタビュー記事や動画制作に従事。Blenderを活用した映像制作ワークフローに注力している。本書の進行管理、および表紙の3Dモデル制作を担当。

- Spotify：kirillovlov
- YouTube：kirillovlov2983

■ Staff
● 装丁・本文デザイン
　トップスタジオデザイン室（阿保裕美）
● DTP
　株式会社トップスタジオ
● 編集補助
　株式会社トップスタジオ
● 担当
　高屋 卓也

Apple Vision Pro アプリ開発ガイド
visionOS ではじめる空間コンピューティング実践集

2024 年 9 月 7 日　初版　第 1 刷発行

著　者　　服部 智，小林 佑樹，ばいそん，副島拓哉，
　　　　　佐藤寿樹，加田健志，比留間和也，清水 良一
発行者　　片岡　巌
発行所　　株式会社技術評論社
　　　　　東京都新宿区市谷左内町 21-13
　　　　　電話　03-3513-6150（販売促進部）
　　　　　　　　03-3513-6177（第 5 編集部）
印刷／製本　株式会社加藤文明社

定価はカバーに表示してあります。

本書の一部または全部を著作権法の定める範囲を超え、無断で複写、複製、
転載、テープ化、ファイルに落とすことを禁じます。

© 2024　株式会社 MESON，服部 智，ばいそん，副島拓哉，
　　　　加田健志，清水良一

造本には細心の注意を払っておりますが、万一、乱丁（ページの乱れ）や落丁（ページの抜け）がございましたら、小社販売促進部までお送りください。送料小社負担にてお取り替えいたします。

ISBN978-4-297-14311-4 C3055
Printed in Japan

■お問い合わせについて
　本書についての電話によるお問い合わせはご遠慮ください。質問等がございましたら、下記まで FAX または封書でお送りくださいますようお願いいたします。

＜問い合わせ先＞
〒 162-0846
東京都新宿区市谷左内町 21-13
株式会社技術評論社　第 5 編集部
「Apple Vision Pro アプリ開発ガイド」係
FAX：03-3513-6173

　FAX 番号は変更されていることもありますので、ご確認の上ご利用ください。
　なお、本書の範囲を超える事柄についてのお問い合わせには一切応じられませんので、あらかじめご了承ください。